FESTSCHRIFT

ZUR FEIER DES 100. GEBURTSTAGES HERMANN GRASSMANNS

HERAUSGEGEBEN VOM
VORSTANDE DER BERLINER MATHEMATISCHEN GESELLSCHAFT

MIT EINEM BILDNIS GRASSMANNS

SPRINGER FACHMEDIEN WIESBADEN GMBH
1999

ISBN 978-3-663-15427-3   ISBN 978-3-663-15998-8 (eBook)
DOI 10.1007/978-3-663-15998-8
ALLE RECHTE, EINSCHLIESSLICH DES ÜBERSETZUNGSRECHTS, VORBEHALTEN.

Sonderabdruck aus Sitzungsberichte der Berliner Mathematischen Gesellschaft.
Druck und Verlag von B. G. Teubner in Leipzig.

Graßmann in Berlin.

Von Friedrich Engel.

Vor zwei Jahren, am 15. April 1907, haben wir an dieser Stelle den zweihundertjährigen Geburtstag Leonhard Eulers gefeiert. Hermann Graßmann, an dessen hundertjährigen Geburtstag wir heute gedenken wollen, hat merkwürdiger Weise an demselben Kalendertage wie Euler das Licht der Welt erblickt. Nur äußere Umstände haben es bewirkt, daß wir erst sechs Tage nach dem Jahrestage seiner Geburt hier zusammengekommen sind.

Lessing sagt einmal: „Einige sind berühmt, andere verdienen es zu sein". Er mag freilich den ersten Teil dieses Ausspruchs ironisch gemeint haben; aber wir brauchen ihn ja nicht so aufzufassen, und dann liegt die Anwendung auf die beiden Männer Euler und Graßmann sehr nahe.

Eulers mathematisches Genie wurde schon früh anerkannt und fand günstige Bedingungen sich zu entfalten. Ein halbes Jahrhundert einer schöpferischen Tätigkeit, die an Umfang und Vielseitigkeit der Werke kaum ihresgleichen kennt, hat seinen Ruhm für immer fest begründet. Noch heute verehren wir in ihm den Mathematiker, der durch die von ihm gestellten und behandelten Probleme den Grund gelegt hat zu einer großen Zahl der ausgedehnten Theorien, die der Stolz der modernen Analysis sind.

Graßmanns mathematische Schriften sind zwar weder dem Umfange noch der Vielseitigkeit nach mit denen Eulers vergleichbar; aber an Originalität und Tiefe der Gedanken und namentlich an kunstvoller Systematik können sie mit dem Besten in die Schranken treten, was die mathematische Literatur aufzuweisen hat. Trotzdem ist Graßmann jahrzehntelang als Mathematiker ganz unbeachtet geblieben, so unbeachtet, daß er — ein Schritt, der nahezu ohne Beispiel ist — sich noch in vorgerückten Jahren einer ganz anderen Wissenschaft zuwandte, der Sprachwissenschaft, und in dieser gelang es ihm dann verhältnismäßig schnell, die Anerkennung der Fachleute zu gewinnen. Erst in dem letzten Jahrzehnte seines Lebens hatte er die Freude, daß wenigstens einige angesehene Mathematiker auf seine Schriften hinwiesen. Auch heute noch ist Graßmann der Mehrzahl der Mathematiker nur dem Namen nach bekannt; deren, die seine Schriften wirklich gelesen haben, sind es verhältnismäßig wenige, und selbst da, wo gewisse seiner Begriffe und Methoden allgemeine Verbreitung erlangt haben, in der mathematischen Physik, lernt man sie doch nur aus zweiter Hand kennen und zuweilen nicht einmal unter seinem Namen.

Wenn daher die Berliner Mathematische Gesellschaft heute Graßmanns Gedächtnis feiert, so erfüllt sie damit eine Pflicht, die allen deutschen Mathematikern obliegt, die Pflicht, dem so lange verkannten Manne die Ehre zu erweisen, die ihm gebührt, und öffentlich anzuerkennen, daß seine Leistungen in der Geschichte der Mathematik fortleben werden. Geradeso aber, wie die Berliner Mathematische Gesellschaft Euler nicht bloß als den großen deutschen

Mathematiker gefeiert hat, sondern ganz besonders deshalb, weil er fast ein Vierteljahrhundert, vielleicht die besten Jahre seines arbeitsreichen Lebens in Berlin zugebracht hat, geradeso hat sie auch bei Graßmann noch eine besondere Veranlassung seiner zu gedenken. Die Heimat Graßmanns ist allerdings Stettin, und es war sein Schicksal, daß sich fast sein ganzes Leben in dieser Stadt abspielte. Außer Stettin aber gibt es nur eine Stadt, in der Graßmann wenigstens zeitweilig seinen Wohnsitz gehabt hat, und das ist Berlin.

Die drei Jahre, die Graßmann als Student hier zugebracht, und die fünf Vierteljahre, die er hier als Lehrer gewirkt hat, sie liegen allerdings vor der Zeit, in der seine mathematische Produktivität erwachte, sie haben aber doch eine nicht zu unterschätzende Bedeutung für seine ganze geistige Entwickelung. Diese geistige Entwickelung möchte ich hier kurz zu schildern versuchen, indem ich mich auf gewisse, erst ganz vor kurzem zum Vorschein gekommene Schriftstücke von seiner Hand stütze. Ich hoffe es dadurch einigermaßen begreiflich zu machen, wie Graßmann dazu kam, auf zwei so ganz verschiedenartigen Gebieten wie der Mathematik und der Sprachwissenschaft Hervorragendes zu leisten. Auf diese Leistungen selbst werde ich nicht eingehen, um die mir zugemessene Zeit nicht zu überschreiten; ich brauche das auch nicht, da wir nachher von andrer Seite eine Würdigung von Graßmanns wichtigster mathematischer Leistung, seiner Ausdehnungslehre, hören werden.

In dem Archive der Berliner Wissenschaftlichen Prüfungskommission liegt ein lateinisch geschriebener Lebenslauf, den Graßmann im Jahre 1831 abgefaßt hat. Selten wird ein Kandidat einen Lebenslauf eingereicht haben wie diesen. Mit rücksichtsloser, geradezu ergreifender Offenheit schildert Graßmann nicht bloß seine geistige, sondern auch seine ganze sittliche Entwickelung während der Schul- und der Studentenjahre. Ein zweiter, ebenfalls bisher unbekannter Lebenslauf, den er 1834 dem Stettiner Konsistorium eingereicht hat, als er die erste theologische Prüfung machte, ergänzt und erläutert den eben erwähnten nach verschiedenen Richtungen hin. Verbinden wir damit, was wir aus anderen Quellen wissen, namentlich aus Aufzeichnungen seines Bruders Robert, so ergibt sich Folgendes:

Graßmann gehört nicht zu den frühreifen Genies, die sich schon in den Knabenjahren bewußt werden, wohin ihre Begabung sie weist, und die sich ohne Zögern und Schwanken der Wissenschaft zuwenden, für die sie berufen sind. Dazu war er nach zu vielen Seiten hin gleichmäßig hervorragend begabt. Aber auch diese vielseitigen Gaben zeigten sich keineswegs von Anfang an, und daß sie sich später so reich entfalteten, kam keineswegs von selbst, sondern ist wesentlich der Erfolg vieljähriger angestrengter Arbeit, die er auf die Bildung seines Charakters und auf die Klärung und Festigung seiner sittlichen Ansichten und seiner Lebensauffassung verwandte. Aus der Vielseitigkeit seiner Begabung erklärt es sich andrerseits, daß er sich keineswegs von vornherein ausschließlich einer Wissenschaft widmete, sondern eine möglichst umfassende wissenschaftliche Bildung zu erwerben suchte, als hätte er es vorausgeahnt, daß es ihm dereinst zustatten kommen würde, mehr als ein Eisen im Feuer zu haben.

Um das Gesagte zu belegen, wollen wir etwas näher auf die Geschichte seines Lebens eingehen; doch werden wir dieses nur bis zu dem Zeitpunkte verfolgen, wo er seinen Beruf zur Mathematik entdeckte. Was nachher kommt, ist ja doch in der Hauptsache nur eine Geschichte seiner Werke, und auf sie müssen wir hier verzichten.

Als das dritte von zwölf Kindern ist Hermann Graßmann am 15. April 1809 in Stettin geboren. Sein Vater Justus Günther Graßmann war Lehrer an dem dortigen Gymnasium, selbst schon ein tüchtiger Mathematiker und Physiker, der sich durch den nach ihm benannten Luftpumpenhahn und durch die Indizesbezeichnung der Kristalle bekannt gemacht hat.

Hermann selbst berichtet, er habe in den ersten Schuljahren gar keine Begabung gezeigt und sei sogar überhaupt zu geistiger Anstrengung unfähig gewesen. Besonders hebt er die Schwäche seines Gedächtnisses hervor; um acht Verse auswendig zu lernen, habe er drei Stunden gebraucht und sie dann sehr bald wieder vergessen. Sein Vater habe oft gesagt, er werde es mit Gleichmut ertragen, sollte auch sein Sohn Gärtner oder Handwerker werden, wofern er nur einen seinen Kräften angemessenen Beruf wähle und diesen mit Ehren und zum Nutzen seiner Mitmenschen ausfülle.

Seinen damaligen Zustand bezeichnet Graßmann als eine Zeit des Schlummers. Leere Träumereien, in denen er sich selbst die erste Stelle anwies, sich geehrt und geachtet dünkte, hätten den größten Teil seines Lebens ausgefüllt, und er habe so, ohne es zu wissen, seine Eitelkeit und Eigenliebe genährt. Da er die Ferien meist auf dem Lande zugebracht habe, bei Verwandten, die fast alle Pfarrer waren, so sei er zu der Meinung gekommen, daß namentlich der Landprediger ein solches sorgenfreies, angenehmes Leben führe, wie er es sich als Ideal träumte, und so sei er denn schon früh zu dem Entschlusse gekommen, dereinst auch Prediger zu werden.

Die Neckereien seiner Mitschüler, die Ermahnungen seiner Eltern, namentlich aber der religiöse Einfluß des Konfirmationsunterrichts, den er drei Jahre lang bei dem Prediger Zybell genoß, brachten ihn endlich zum Erwachen aus seinen Träumereien. Es ging ihm plötzlich, so erzählt er, ein Licht auf über sein bisheriges Traumleben, und er beschloß, nunmehr alle seine geistigen Kräfte anzuregen und zu wecken und überhaupt sein phlegmatisches Temperament von Grund aus zu vertilgen. Mit unbeugsamer Energie führte er diesen Entschluß durch, und so gelang es ihm, in allen auf dem Gymnasium betriebenen Fächern Befriedigendes zu leisten, ohne daß er sich in einem besonders ausgezeichnet hätte. Durch seine Energie erreichte er auch, daß sich sein Gedächtnis wesentlich besserte. Indem er seinen Geist angestrengt mit den Dingen beschäftigte, die er sich einprägen wollte, behielt er sie besser. Doch sagt er 1831 ausdrücklich, er sei niemals geschickt geworden, einzelne Wörter auswendig zu lernen oder einen ganzen Abschnitt zu behalten. Danach scheint es fast, als ob bei ihm das Gedächtnis mit den Jahren immer besser geworden wäre, denn als Fünfzigjähriger lernte er fremde Sprachen spielend.

So ging also Graßmanns Schulzeit vorüber, ohne daß sich für irgend eine bestimmte Wissenschaft besondere Anlage oder Neigung gezeigt hätte. Dagegen muß allerdings eine andere Anlage recht früh bei ihm hervorgetreten sein, nämlich die für Musik. Bei dem bekannten Balladenkomponisten Loewe, der 1820 Musiklehrer an dem Gymnasium geworden war und das erste Jahr in dem Graßmannschen Hause gewohnt hat, genoß er einen gründlichen Unterricht im Klavierspiel und in der Harmonielehre. Wie ungewöhnlich fein sein Gehör ausgebildet war, dafür ist die Vokaltheorie, die er später aufgestellt hat, ein redender Beweis. Noch später hat er Pommersche Volkslieder nach dem Gehör aufgeschrieben und für den Familiengebrauch dreistimmig gesetzt. Übrigens waren die Geschwister Graßmanns alle musikalisch und erreichten besonders im Quartettgesang eine so hohe Vollendung, daß sich Loewe seine neuen Quartette von ihnen vorsingen ließ, um die Wirkung zu erproben.

Im Herbste 1827 bezog Graßmann zusammen mit seinem älteren Bruder Gustav die Universität Berlin, beide um Theologie zu studieren. Ein launiger Brief, den er zwei Tage nach der Ankunft in Berlin an seine Mutter geschrieben hat, schildert gar anschaulich, wie sich die Brüder in ihrer Wohnung eingerichtet haben. Es war in dem Hause Dorotheenstraße Nr. 53, an der Ecke der Friedrichstraße. Zwar müssen sie 72 Stufen hinansteigen zu ihrer aus Stube und Schlafkämmerchen bestehenden Dachwohnung, für die sie jeder $3\frac{1}{2}$ Taler zahlen, doch haben sie dafür eine desto schönere Aussicht über die Gärten und Häuser der Stadt, und wenn die Stube auch klein ist, so läßt sie sich dafür desto besser heizen. Auch mit der Wirtin sind sie zufrieden, „denn spricht sie gleich viel, so ist sie dafür auch recht gefällig und geschäftig (wie überhaupt die meisten Berliner und besonders die Berlinerinnen)". „Unserm Stiefelputzer geben wir jeder 20 gr. Courant, weil ihm ein Taler zu viel schien; für recht gutes Essen (freilich so gut wie in Stettin ist es nicht) geben wir monatlich jeder $3\frac{1}{2}$ Taler."

Besonders erheiternd wirkt es, daß Graßmann gleich im Anfange erzählt, sie seien schon nach zwei Tagen mit all dem ungeheuren Gelde, was sie mitgenommen, beinahe zu Ende; wie er dann alle möglichen Dinge herzählt, für die sie das Geld nicht ausgegeben haben, und endlich nach langen Präambeln damit herausrückt, daß der Grund ihres plötzlichen Geldmangels kein andrer ist als der Kauf eines Pianoforte, das sie durch günstige Gelegenheit für 50 Taler erworben haben.

Dieses Pianoforte ist in der Tat auch fleißig benutzt worden. Ganze Opern und Oratorien führten die Brüder in ihrer Wohnung auf im Verein mit andern musikalischen Studenten.

Als er auf die Universität kam, war Graßmann nach seiner eigenen Aussage noch ganz unselbständig. Wie auf der Schule seine Studien ganz durch die Anordnungen und durch die Autorität der Lehrer bestimmt gewesen waren, so ließ er sich noch auf der Universität zunächst ganz von der Autorität der Professoren leiten, so daß er meint, er könne weniger davon sprechen, wie er seine Studien eingerichtet habe, als davon, welche Vorlesungen er gehört. Die Wissenschaft, die von den Kathedern herab verkündigt wurde, habe auf ihn einen so gewaltigen Eindruck gemacht, daß er geglaubt habe, aus der Quelle der Wahrheit zu schöpfen, wenn er die Ansichten der Professoren in sich aufnehme, und so habe er denn seine Studien den Vorlesungen angepaßt, nicht die Vorlesungen seinen Studien entsprechend ausgewählt.

Zuerst nahm ihn der bekannte Kirchenhistoriker Neander ganz gefangen, bei dem hat er ganz besonders viele Vorlesungen gehört. Nach und nach aber fesselte ihn Schleiermacher immer mehr und mehr, er bekennt, daß er diesem unendlich viel zu verdanken habe. „Schon im zweiten Semester," so schreibt er, „habe ich Vorlesungen bei Schleiermacher gehört, die ich aber nicht verstand, dagegen fingen seine Predigten an, Einfluß auf mich zu gewinnen. Doch erst im letzten (das heißt im dritten) Jahre zog mich Schleiermacher ganz an und obwohl ich damals schon mich mehr mit der Philologie beschäftigte, so erkannte ich doch nun erst, wie man von Schleiermacher für jede Wissenschaft lernen kann, weil er weniger Positives giebt, als er geschickt macht, eine jede Untersuchung von der rechten Seite anzugreifen und selbständig fortzuführen, und in den Stand setzt, das Positive selbst zu finden. — Zugleich hatten auch seine Ideen selbst mich angeregt, seine Predigten mein Gemüt erweckt, und dies konnte nicht ohne Einfluß auf meine Grundsätze und meine ganze Denkweise bleiben."

Die Abwendung von der Theologie vollzog sich übrigens ganz allmählich. Er habe bemerkt, so sagt er, daß die Theologen, die auf dem Lande lebten und des Umgangs mit wissenschaftlich gebildeten Männern entbehrten, die Studien gewöhnlich vernachlässigten, wie sehr sie auch vorher dafür begeistert gewesen seien; daher sei ihn die Furcht angekommen, er werde seinerzeit in denselben Fehler verfallen. Um dem zu entgehen, habe er sich vorgenommen, sich möglichst vielseitig auf das geistliche Amt vorzubereiten und dadurch seine Begeisterung für die Wissenschaft so zu stärken, daß sie vorhalten könne, selbst wenn er gezwungen sein werde, fern von dem Umgange mit gelehrten Leuten zu leben. Das Studium der Philologie sei ihm als das beste Mittel zu einer solchen vielseitigen Vorbereitung erschienen, und er habe es zunächst nur aus diesem Grunde gewählt; allmählich habe er aber dann dieses Studium selbst immer lieber gewonnen.

Indem er so anfing seine eigenen Wege zu gehen, erkannte er gleichzeitig, wie er es sehr bezeichnend ausdrückt, daß die akademischen Vorlesungen nur dann Nutzen bringen können, wenn man sie sparsam genießt. Infolgedessen hat er bloß zwei philologische Vorlesungen gehört, nämlich „Geschichte der griechischen Literatur" und „griechische Altertümer" bei Boeckh.

Wie er alles, was er trieb, systematisch betrieb, so machte er sich von vornherein einen Plan für die philologischen Studien. Er beschloß, wie er sagt, sich zunächst mit der griechischen Sprache zu beschäftigen, die ja doch die Grundlage des Lateinischen sei, und mit den griechischen Schriftstellern, weil die schon an und für sich den lateinischen weit vorzuziehen und überdies deren Quelle und Vorbild seien; doch behielt er sich vor, dazwischen, der Abwechselung halber, den einen oder den andern Römer zu lesen. Nachher aber, wenn er erst in der Philologie einen guten Grund gelegt haben würde, wollte er sich auf die Mathematik werfen; denn er war der Meinung, diese sei von dem Studium der griechischen Sprache durch eine zu große Kluft getrennt, als daß er beide gleichzeitig betreiben könne.

Zuerst wollte er sich in die griechische Grammatik vertiefen, dann die Attischen Schriftsteller lesen und zwar zunächst die Historiker, mit deren Studium er das der Griechischen Geschichte und der Altertümer verbinden wollte, dann sollten die Tragiker an die Reihe kommen in Verbindung mit Mythologie und Metrik, dann Homer und Herodot. Dagegen sparte er sich Plato und Demosthenes für die Zeit auf, wo er sich mit der Mathematik beschäftigen würde.

Ganz hat er dieses reichhaltige Programm wenigstens hier in Berlin nicht ausgeführt. Als er nämlich gerade bei den Tragikern war, verfiel er in eine Krankheit, die durch die übertriebene geistige Anstrengung hervorgerufen war. Er bezeichnet sie zwar als „weder schwer noch gefährlich"; sie veranlaßte ihn aber doch, den bisherigen Studienbetrieb zu ändern und in etwas gemäßigterem Tempo weiter zu arbeiten, namentlich aber möglichste Abwechselung in seine Studien zu bringen, um Überanstrengung des Geistes und besonders jeden Überdruß zu vermeiden.

Sich ernstlich mit Mathematik zu beschäftigen, dazu ist er auf der Universität noch nicht gekommen; eine mathematische Vorlesung hat er überhaupt niemals gehört.

So studierte er denn ganz auf seine eigene Hand und betrieb die Wissenschaften, statt sich irgend einer Schule anzuschließen, schon auf der Universität als Autodidakt. Damit hatte er die seiner Neigung und seinen Anlagen entsprechende Art gefunden, wissenschaftlich zu arbeiten, und er wahrte sich zugleich die Unabhängigkeit und Selbständigkeit des Geistes, die ihn seitdem ausgezeichnet hat, und die ihn später befähigte, als Autodidakt auf zwei so verschiedenartigen Gebieten wie der Mathematik und der Sprachwissenschaft schöpferisch tätig zu sein und wirklich originelle Leistungen zu vollbringen. Für die Universitäten ist freilich dieses Ergebnis eines dreijährigen Studienaufenthaltes nicht besonders schmeichelhaft; doch müssen wir eben bedenken, daß Graßmann nicht mit dem gewöhnlichen Maßstabe zu messen ist.

Als Graßmann im Herbste 1830 nach Stettin ins Elternhaus zurückgekehrt war, da warf er sich nunmehr mit großem Eifer auf die Mathematik, die er natürlich auch nur nach Büchern und außerdem nach den Heften seines Vaters betrieb; die philologischen Studien traten dabei etwas, aber keineswegs ganz, in den Hintergrund. Im Dezember 1831 machte er vor der Wissenschaftlichen Prüfungskommission in Berlin das Examen pro facultate docendi und erwarb in den philologischen Fächern, in Geschichte, Mathematik, Deutsch und Religion die Lehrbefähigung für die unteren und mittleren Klassen. Seine Leistungen waren aber derart, daß die Kommission die Erwartung aussprach, er werde sich zu einem tüchtigen Lehrer der alten Sprachen und auch der Mathematik für alle Klassen ausbilden. Bei dieser Prüfung hat er den früher erwähnten lateinischen Lebenslauf eingereicht, über den Köpke, der Rektor des Gymnasiums zum grauen Kloster urteilt: „Specimen tum propter rerum ubertatem tum propter stili venustatem et elegantiam laude dignum."

Er war nunmehr als Hilfslehrer an dem Stettiner Gymnasium tätig und muß damals die mathematischen Studien fortgesetzt haben; denn 1832 entdeckte er die ersten grundlegenden Begriffe und Rechnungsarten seiner späteren Ausdehnungslehre. Er fand nämlich die geometrische Addition der Strecken und, indem er die von seinem Vater herrührende eigentümliche Auffassung des Produktbegriffs weiter ausbildete, gelangte er dazu, das Parallelogramm als geometrisches Produkt zweier Strecken zu betrachten und das Parallelepipedon als geometrisches Produkt dreier Strecken. Er war überrascht, hier ein Produkt zu haben, das sein Vorzeichen wechselt, wenn man zwei der Faktoren untereinander vertauscht.

Durch andere Beschäftigungen wurde er jedoch von diesen Untersuchungen wieder abgezogen. So machte er z. B. 1833—34 in Stettin das erste theologische Examen und bestand es mit dem Prädikat „gut".

Bald darauf, Anfang Oktober 1834 siedelte er wieder nach Berlin über, und zwar wurde er mathematischer Lehrer an der „Gewerbeschule", der jetzigen „Friedrichs-Werderschen Oberrealschule". Der damalige Direktor der Gewerbeschule, Klöden, sagt in einem am 17. Oktober 1834 dem Kuratorium der Schule erstatteten Berichte[1]) Folgendes:

---

1) Eine Abschrift dieses Berichts verdanke ich dem jetzigen Direktor der Schule, Herrn Nahrwold, und zwar durch Vermittlung von Herrn Jahnke.

„Herr Graßmann ist ein junger Mann, dem es nicht an Kenntnissen fehlt. Auch ist ersichtlich, daß er insonderheit über die Elemente der Mathematik reichlich nachgedacht hat und klar darüber denkt. Er scheint aber wenig Umgang gehabt zu haben und ist deswegen in den gewöhnlichen Formen des geselligen Lebens zurück, schüchtern, leicht verlegen und dann unbeholfen. In der Klasse ist davon nichts zu bemerken, sobald er nicht weiß, daß er beobachtet wird. Er bewegt sich dann leicht, angemessen und sicher. In meinem Beisein hat er, ungeachtet ich alles getan habe, ihn zutraulich zu machen, seiner Befangenheit noch nicht ganz Herr werden können, was er mir auch eingestand und sich selber darüber ärgerte. Mein Urteil über ihn ist deshalb für jetzt ein unsicheres, und ich vermag noch nicht zu sagen, ob er die entstandene Lücke passend ausfüllen werde."

In der Tat war die Ausfüllung dieser Lücke nicht so leicht, denn der zu ersetzende war kein geringerer als Jakob Steiner. Dieser war eben zum außerordentlichen Professor an der Universität ernannt worden, behielt aber noch ein halbes Jahr lang den geometrischen Unterricht in den oberen Klassen bei, so daß Graßmann nur 10 Stunden zu geben brauchte. Auch hatte sich Steiner verpflichtet, seinen Nachfolger möglichst in seine eigene Methode des geometrischen Unterrichts einzuführen.

Leider wissen wir gar nichts darüber, ob diese Umstände wirklich ein häufigeres Zusammentreffen der beiden Männer veranlaßt haben. Soviel scheint sicher, daß ein intimerer Verkehr zwischen ihnen nicht bestanden hat. Dem selbstbewußten, aber durch und durch einseitigen, in seiner wissenschaftlichen Richtung vollständig gefestigten Steiner konnte der um dreizehn Jahre jüngere, vielseitig gebildete, aber schüchterne Graßmann wohl nur wenig bieten, zumal er sich seines Berufs zur Mathematik noch gar nicht bewußt war. Andererseits wird Graßmann zwar durch dieses Zusammentreffen veranlaßt worden sein, sich mit Steiners Schriften bekannt zu machen; aber es liegt am Tage, daß Steiners Art, Geometrie zu treiben, auf Graßmanns mathematische Denkweise nicht den geringsten Einfluß ausgeübt hat. Was er etwa bei Steiner gelernt hat, das hat er sich immer erst auf die ihm zusagende Art, das heißt, analytisch zurechtgelegt. Wir erkennen auch daraus, welche Selbständigkeit des Geistes Graßmann schon damals besaß.

Übrigens fühlte sich Grassmann damals in Berlin nicht so recht wohl. Er stand noch unter dem Eindrucke eines schweren Verlustes, den seine Familie erlitten hatte durch den Tod seiner jüngsten, kaum vierjährigen Schwester. Die Neigung zu religiösen Grübeleien, von denen seine Berliner Briefe aus jener Zeit voll sind, war vielleicht schon vorher vorhanden: jedenfalls wurde sie durch die Erinnerung an die Heimgegangene fortwährend von neuem genährt. Außerdem fehlte es ihm an Umgang, der ihm zusagte, so daß er auch der nötigen Erholung und Ermunterung entbehrte und dadurch veranlaßt wurde, sich von Berlin aus in die Stettiner Loge zu den drei Zirkeln aufnehmen zu lassen. Zuletzt litt auch sein körperliches Befinden, namentlich litt er an den Augen. So war er froh, schon nach fünf Vierteljahren, am 1. Januar 1836 nach Stettin zurückkehren zu können, wo er Lehrer an einer erweiterten Bürgerschule, der Ottoschule, wurde.

Trotzdem dachte er von der in Berlin verbrachten Zeit keineswegs gering. Wir sehen das aus einem an seinen Bruder Robert gerichteten Briefe vom Februar 1836, wo es heißt:

„Anderthalb Monat bin ich nun schon wieder in Stettin und ich kann Dir nicht sagen, wie wohl es mir hier gefällt besonders im Vergleich mit Berlin. Gleich damals als ich nach Berlin ging, dachte ich mir freilich, wie viel ich verlieren würde an alle dem, was das Leben angenehm und schön machen kann, aber ich vergegenwärtigte mir auch, wie die ganze veränderte Lebensweise, der neue Wirkungskreis, die Selbständigkeit, auf die ich hier notwendig angewiesen war, verbunden mit den mannigfachen geistigen Anregungen, die Berlin darbietet, wie dies alles notwendig neue geistige und moralische Kräfte in Bewegung setzen müsse, und ich habe mich nicht geirrt. Die Erfahrungen dieses Jahres möchte ich nicht gegen eine im alten Gleise fortfließende Zeit vertauschen. Doch war ich in der Tat zuletzt schon recht müde und dies hin- und hergeworfne, nirgendwo mit rechter Liebe und Freude haftende Leben fing an mich abzuspannen, und ich war daher recht herzlich froh, als ich Stettin wiedersah. Die Anregungen sind hier nicht so stürmisch aber desto inniger; der Wirkungskreis im Beruf nicht so groß, aber dafür segensreicher für die auf die er gerichtet ist, wie für mich selber; und selbst die Hülfsquellen fließen hier zwar nicht so reichhaltig, aber ich bin desto mehr im Stande daraus zu schöpfen." „In Berlin habe ich gelernt für die Schule arbeiten, dort aber mit Ermüdung und halber Lust, hier mit ganzer Liebe und mit der Fröhlichkeit und Frische, die die Liebe giebt."

Von nun an ist er zeitlebens in Stettin geblieben. Noch einmal aber sollte Berlin in seinem Leben eine Rolle spielen.

Obwohl Graßmann wohl kaum mehr ernstlich daran dachte, Prediger zu werden, meldete er sich doch 1838 in Stettin zu dem zweiten theologischen Examen, das er auch im Juli 1839 mit dem Prädikat „sehr gut" bestand. Aber schon am 28. Februar 1839, ein volles Vierteljahr bevor er die schriftlichen Arbeiten für diese theologische Prüfung abzugeben hatte, ersuchte er die Berliner Wissenschaftliche Prüfungskommission um eine Nachprüfung in Mathematik und Physik.

Professor Conrad vom Joachimsthalschen Gymnasium, der damals Mitglied der Prüfungskommission war, und zwar für Mathematik und Physik, stellte ihm als Aufgabe, die Theorie der Ebbe und Flut zu entwickeln. Es muß dahingestellt bleiben, ob Conrad diese Aufgabe von selbst ausgewählt hat oder ob er, was ich jetzt eigentlich für wahrscheinlicher halte[1]), bei der Wahl des Themas einem privatim von Graßmann ausgesprochenen Wunsche nachkam. Wie dem auch sei, jedenfalls bezeichnet die Beschäftigung mit dieser Prüfungsaufgabe einen Wendepunkt in Graßmanns Leben. Durch die Arbeit daran wurde seine Erfinderkraft geweckt, und er entdeckte seinen Beruf zur Mathematik.

Graßmann erinnerte sich der Anfänge eines geometrischen Kalküls, die er seit dem Jahre 1832 besaß, der geometrischen Addition und Multiplikation der Strecken. Er fand, daß sich mit deren Hilfe ein großer Teil der Entwickelungen in Lagranges Mécanique analytique viel übersichtlicher gestalten und ganz außerordentlich vereinfachen ließ. Er faßte den kühnen Gedanken, den geometrischen Kalkül so auszubilden, daß er auch auf die Laplacesche Theorie der Ebbe und Flut anwendbar würde, und das gelang ihm auch wirklich. Aber

---

1) In meiner am 27. 1. 1909 gehaltenen Rede über Graßmann (s. Jahresbericht der Deutschen Mathematikervereinigung, 1909, S. 344 ff.) habe ich nur die erste dieser beiden Möglichkeiten berücksichtigt.

er sah weiter, er war sich von vornherein darüber klar, daß die neuen Begriffe und Methoden, die er entwickelte, eine viel größere Tragweite haben, daß sie auf die ganze Geometrie und Mechanik anwendbar sind. Die Darstellung, Erweiterung und Anwendung dieser Methoden konnte er nachher zu seiner Lebensaufgabe als Mathematiker machen; sie sind es, die den Kern seiner späteren Ausdehnungslehre bilden.

Die Prüfungsarbeit, die Graßmann am 20. April 1840 nach Berlin einsandte, ist schon dem Umfange nach außergewöhnlich: ihr Abdruck in dem dritten Bande seiner gesammelten mathematischen und physikalischen Werke füllt 190 Seiten groß Oktav. Mißt man sie aber nach der Menge der in ihr enthaltenen neuen Gedanken und Methoden, so ist mit ihr vielleicht nur die Prüfungsarbeit vergleichbar, die Weierstraß ein Jahr später der Prüfungskommission zu Münster eingereicht hat. Freilich fanden beide Arbeiten eine recht verschiedene Beurteilung. Während Gudermann rundweg erklärte, daß Weierstraß durch diese Arbeit „ebenbürtig in die Reihe ruhmgekrönter Erfinder trete", wußte Conrad über die Graßmanns weiter nichts zu sagen als: „Seine Probearbeit behandelte die Theorie der Ebbe und Flut durchaus gründlich und streng, und er hatte sogar nicht ohne Glück eine von der Laplaceschen Theorie in manchen Stücken abweichende eigentümliche Methode gewählt."

Wie man sieht, war Conrad allem Anscheine nach weit davon entfernt, auch nur zu ahnen, welche ganz ungewöhnliche Leistung er durch seine Aufgabe veranlaßt hatte. Zu seiner Entschuldigung muß allerdings gesagt werden, daß er das umfangreiche Manuskript erst am 26. April erhalten und schon am 1. Mai, dem Tage der mündlichen Prüfung, zurückgegeben hat. In diesen wenigen Tagen konnte er die Arbeit kaum wirklich lesen, geschweige denn nach Gebühr würdigen. Bedauerlich bleibt es aber doch und ist gewissermaßen eine böse Vorbedeutung für das Schicksal der späteren mathematischen Arbeiten Graßmanns, daß schon seine Prüfungsarbeit nicht die Anerkennung fand, die sie verdiente.

In erfreulichem Gegensatze hierzu steht wenigstens die Beurteilung, die Graßmanns Leistungen in der mündlichen Prüfung fanden. Es heißt in dem Protokolle: „Die Prüfung begann mit der Mathematik und erstreckte sich auf die verschiedensten Teile der niedern Mathematik sowohl als der höheren Analysis; in allen Teilen zeigte er sich sehr wohl bewandert, wußte sich schnell und besonnen in vorgelegte Aufgaben zu finden und zeigte überhaupt eine so tüchtige mathematische Durchbildung, daß er vollkommen befähigt ist, den mathematischen Unterricht in allen Klassen eines Gymnasiums und einer höheren Bürgerschule zu leiten," und der Schluß des Prüfungszeugnisses lautet: „Die Kommission erklärt ihn deshalb zu jeder Lehrstelle bei einem Gymnasium oder einer höheren Bürgerschule im Fache der Mathematik, der Physik, der Mineralogie und der Chemie für vollkommen und vorzugsweise befähigt."

Mein Thema: „Graßmann in Berlin" wäre hiermit erschöpft. Lassen Sie mich jetzt zum Schlusse wenigstens noch die nötigsten Daten aus Graßmanns späterem Leben hinzufügen.

An der Ottoschule blieb Graßmann noch bis Michaelis 1842. Nachdem er dann ein halbes Jahr Lehrer an dem Stettiner Gymnasium gewesen war, kam er Ostern 1843 an die wenige Jahre vorher gegründete Friedrich-Wilhelmsschule, an der jetzt sein ältester Sohn Justus Graßmann Direktor ist. Zu Johanni 1852 kehrte er wieder an das Gymnasium zurück als Nachfolger seines im März verstorbenen Vaters, und diese Stelle hat er noch ein volles Vierteljahrhundert bekleidet, bis am 26. September 1877 ein Herzleiden mit hinzutretender Wassersucht seinem Leben ein Ende machte.

Was er in den 37 Jahren nach der Vollendung jener denkwürdigen Prüfungsarbeit geleistet hat, neben seiner anstrengenden Tätigkeit als Lehrer, infolge deren ihm die Zeit zu wissenschaftlicher Arbeit immer nur „kärglich und stückweise" zugemessen war, das können wir nur immer und immer wieder bewundern, umsomehr, als ihm wenigstens für seine mathematischen Arbeiten die wohlverdiente Anerkennung versagt blieb. Für wie viele wäre das genügender Anlaß gewesen, die Hände in den Schoß zu legen — er arbeitete unverdrossen weiter. Die Überzeugung, daß auch seine mathematischen Ideen dereinst, obschon in veränderter Form neu erstehen und mit der Zeitentwickelung in lebendige Wechselwirkung treten würden, hat ihn auch in den trübsten Zeiten nicht verlassen; in den schönen, uns geradezu wie eine Prophezeiung anmutenden Schlußworten seiner Ausdehnungslehre von 1862 hat er dieser Überzeugung ergreifenden Ausdruck verliehen.

Er selbst hat die Erfüllung dieser Prophezeiung nicht mehr erlebt. Seinen Kindern, deren noch sieben am Leben sind und von denen fünf heute hierhergekommen sind, um dieser Feier beizuwohnen, seinen Kindern ist es vergönnt, sie wenigstens zum Teile erfüllt zu sehen. In der Zukunft wird ihre Erfüllung immer weiter fortschreiten. Die neuen Begriffe und Methoden, die Graßmann geschaffen hat, werden fortleben, mag auch, um mit seinen eigenen Worten zu reden, das Gewand, in das er selbst sie gekleidet hat, in Staub zerfallen.

Hermann Graßmanns Ausdehnungslehre.[1])

Von Eugen Jahnke.

„Wenn die eigentümliche Kraft eines über seine Zeit hervorragenden Geistes schon darin sich offenbart, daß er die Ideen, auf welche die Zeitentwicklung hindrängt, aufzufassen und fortzubilden weiß, und er so als Repräsentant seiner Zeit erscheint: so tritt jene Kraft noch eigentümlicher hervor in solchen Gedankenreihen, welche der Zeit vorangehen und ihr auf Jahrhunderte die Bahn der Entwicklung gleichsam vorzeichnen."

Mit diesen Worten läßt Graßmann die Vorrede zu seiner, von der Jablonowskischen Gesellschaft gekrönten Preisschrift beginnen im Hinblick auf die gewaltige Idee Leibnizens einer geometrischen Analyse. Sie eignen sich auch für die Einleitung eines Vortrages, der eines der merkwürdigsten und hervorragendsten Werke aller Zeiten zum Gegenstande hat, die Graßmannsche Ausdehnungslehre, welche als die Realisierung jenes Leibnizschen Planes anzusehen ist. Wenn man den Namen des Stettiner Meisters ausspricht, so denkt man in erster Linie an diese bedeutendste unter allen Arbeiten Graßmanns. Ihrer Bedeutung entsprach allerdings nicht die Aufnahme, die sie zunächst in der mathematischen Welt fand: Nur von wenigen beachtet, ist sie mehrere Jahrzehnte ohne Einfluß auf die Entwicklung der Mathematik geblieben. Und noch bis vor kurzem konnte man, in Variierung eines bekannten Lessingschen Epigramms, von ihr sagen: Wer wird nicht einen Graßmann loben, doch wird ihn jeder lesen? Und fragen wir, wen die Schuld trifft für dieses tragische Geschick? Wir lernen es verstehen, wenn wir die mathematische Entwicklung dieses in ungewöhnlichen Bahnen verlaufenden Gelehrtendaseins verfolgen.

Durch die Schriften des Vaters mag der Sohn schon frühzeitig auf die Beschäftigung mit der Mathematik hingewiesen worden sein. Doch war es mehr die philosophische Betrachtung der Grundlagen der Mathematik, die dem Sohn hier geboten wurde. Jedenfalls war der Einfluß, den die mathematischen Schriften des Vaters auf den Sohn ausgeübt haben, nicht stark genug, um ihn zu verhindern, sich auf der Universität zunächst der Theologie und später der Philologie in die Arme zu werfen. Graßmann hat während seiner ganzen Universitätszeit kein einziges mathematisches Kolleg gehört. Erst im Alter von dreißig Jahren kommt die Erkenntnis seines wahren Berufs ihm ganz allmählich zum Bewußtsein und beginnt, ihn dem mathematischen Studium mehr und mehr zuzuführen. Um das Jahr 1839 bereitet sich die entscheidende Wendung vor. Das Thema „Ebbe und Flut" der schriftlichen Arbeit zur Prüfung pro fac.

---

1) Vergl. V. Schlegel, Hermann Graßmann. Leipzig 1878, F. A. Brockhaus. — V. Schlegel, Die Graßmannsche Ausdehnungslehre. Leipzig 1896, B. G. Teubner.

doc. gibt seinen Studien einen starken Impuls in der Richtung, die seine Begabung vorgeschrieben hat. Indem er veranlaßt wird, Lagranges Mécanique analytique und Laplaces Mécanique céleste genauer zu studieren, macht er die Entdeckung, daß sich eine ganze Reihe von Resultaten der französischen Mathematiker erheblich kürzer ableiten lassen, wenn er von gewissen Prinzipien Gebrauch macht, zu denen ihn schon vor Jahren eignes Nachdenken und das Studium der Schriften seines Vaters geführt hatte. Es sind das die Anwendung des Begriffs des Negativen auf Strecken, die geometrische Addition der Strecken und die Auffassung der Parallelogrammfläche als äußeres Produkt zweier anstoßenden Seiten. Um Ostern 1842 beginnen die Resultate seiner Studien sich zu der Form eines wissenschaftlichen Systems zu kristallisieren; der stolze Bau seiner „Ausdehnungslehre" mit den nach allen Richtungen sich eröffnenden Perspektiven strebt mehr und mehr der Vollendung zu. Die Ausarbeitung ist bald so weit gediehen, daß Graßmann in einem engeren Kreise Vorlesungen über die neue Wissenschaft halten kann. Unter seinen Zuhörern, an denen er die Macht seiner neuen Ideen und die gewählte Darstellungsform erprobt, finden wir seinen Bruder Robert, Verlagsbuchhändler und Redakteur, und den Leutnant von Kameke, den späteren Kriegsminister. Endlich im Jahre 1844 erschien der erste Teil des auf zwei Teile berechneten Werkes mit dem Gesamttitel:

Die Wissenschaft der extensiven Größen oder die Ausdehnungslehre, eine neue mathematische Disziplin, dargestellt und durch Anwendungen erläutert von Hermann Graßmann, Lehrer an der Friedrich-Wilhelmsschule zu Stettin, — und mit dem Untertitel für den ersten Teil: Die lineale Ausdehnungslehre, ein neuer Zweig der Mathematik, dargestellt und durch Anwendungen auf die übrigen Zweige der Mathematik, wie auch auf die Statik, Mechanik, die Lehre vom Magnetismus und die Krystallonomie erläutert, von Hermann Graßmann, Lehrer an der Friedrich-Wilhelmsschule zu Stettin. Leipzig 1844, Verlag von Otto Wigand.

In der Vorrede läßt sich Graßmann über die Form der Darstellung aus, in der man eine neue Wissenschaft vortragen soll, damit ihre Stellung und Bedeutung, ja ihre Notwendigkeit recht erkannt werde, und spricht es klar aus, es sei unumgänglich notwendig, zugleich ihre Anwendung und ihre Beziehung zu verwandten Gegenständen aufzudecken. Hatte sich ihm doch der neue Kalkul, nachdem einmal die erste Idee erfaßt war, an der Hand der Mechanik am schnellsten und fruchtbarsten weiter entwickelt. Er ist sich gleichfalls klar darüber, daß unter den Mathematikern seiner Zeit eine gesunde Scheu vor philosophischen Erörterungen mathematischer und physikalischer Gegenstände herrscht. Gleichwohl glaubt er es der Sache schuldig zu sein, der neuen Wissenschaft ihre Stelle im Gebiete des Wissens anweisen zu müssen und der abstrakt philosophischen Darstellung oder, wie er sagt, der streng wissenschaftlichen, auf die ursprünglichen Begriffe zurückgehenden Behandlungsweise den Vorzug geben zu sollen. Sein philosophisch geschulter Geist, der in der Gedankenwelt Schleiermachers zu Hause war, hält die Ableitung seiner Ideen aus den höchsten, dem Denken erreichbaren Prinzipien für ein unerläßliches wissenschaftliches Erfordernis.

Es läßt sich nicht leugnen, daß die Ausdehnungslehre diesem Bestreben des Verfassers sehr wesentliche Vorzüge verdankt. Die Tiefe und Fülle der philosophischen Gedanken, die in der Ausdehnungslehre niedergelegt sind, die Höhe der Abstraktion und die Weite des Gesichtskreises, zu der sich ihr

Autor erhebt, werden immer bewunderungswürdig und ein Denkmal seines gewaltigen Scharfsinns bleiben. Auch ist Graßmann auf diesem Wege zu äußerst wichtigen Einsichten in die Prinzipien der mathematischen Wissenschaft gelangt. So gehen die Versuche, die Lehre von den Proportionen unabhängig von Stetigkeitsbetrachtungen, also ohne den Begriff des Inkommensurablen zu begründen, auf ihn zurück. Er kann als der Bahnbrecher für die von Hilbert realisierte Idee einer solchen Proportionslehre bezeichnet werden.[1]) Die Begründung der Arithmetik und ihrer Operationen, wie sie die Ausdehnungslehre bietet, ist vorbildlich geworden und hat den Anstoß zu grundlegenden Untersuchungen[2]) wie die von Helmholtzschen und Dedekindschen über den Zahlbegriff gegeben. Mit der Geschichte der großen Umwälzung, die das Gebiet der Prinzipien der Arithmetik, Geometrie und Mechanik ergriffen hat und noch nicht abgeschlossen sein dürfte, ist der Name Graßmanns aufs innigste verknüpft. Und um ein weiteres Ergebnis zu nennen, der Stettiner Mathematiker ist auf diese Weise noch vor Riemann zu dem Begriff der n-fach ausgedehnten Mannigfaltigkeit gekommen, wie ja auch der von ihm herrührende Ausdruck „Ausdehnungslehre" dasselbe bedeutet, was wir heutzutage n-dimensionale Geometrie nennen.

Indessen für die Frage eines unmittelbaren Eingreifens der neuen Ideen in die Entwicklung der mathematischen Wissenschaft bedeutet die von Graßmann gewählte Darstellungsform einen Mißgriff, der auf das Konto seiner einseitigen Vorbildung gesetzt werden muß, einen Irrtum, wie er vielleicht noch heute in kleinerem Kreise allen denen unterläuft, die mit Graßmann meinen, schon für den ersten wissenschaftlichen Unterricht in der Mathematik verdiene die „strengstmögliche" Methode vor jeder andern den Vorzug; die Einführung der Jugend in die Geheimnisse der Geometrie müsse mit einer scholastischen Einleitung und mit Aufstellung strenger Definitionen für die Elemente beginnen.

Ähnlich war der Irrtum, in dem Graßmann befangen war, und den er zu spät erkannte, als Jahr auf Jahr verrann, ohne daß sein Werk Beachtung fand, ja ohne daß es trotz lebhafter Bemühungen von seiten seines Verfassers eine Besprechung gefunden oder gar zu verwandten Betrachtungen angeregt hätte. Was er an erster Stelle hätte geben sollen, Anwendungen, Erläuterungen durch Beispiele, neue Resultate, zu denen sein Kalkul hinführte, der wahre Prüfstein für die Fruchtbarkeit neuer Prinzipien, das zu geben, entschloß er sich erst einige Jahre später.

Fragen wir nach dem Eindruck, den das Werk auf die mathematischen Zeitgenossen gemacht hat, so liegen außerordentlich interessante Äußerungen aus dem Munde von Gauß, Grunert und Möbius vor. Der princeps mathematicorum schreibt 1844: „In einem Gedränge von andern heterogenen Arbeiten Ihr Buch durchlaufend, glaube ich zu bemerken, daß die Tendenzen desselben theilweise denjenigen Wegen begegnen, auf denen ich selbst seit fast einem halben Jahrhundert gewandelt bin, und wovon freilich nur ein kleiner Theil

---

1) Vergl. Kneser, Neue Begründung der Proportions- und Ähnlichkeitslehre unabhängig vom Archimedischen Axiom und dem Begriff des Inkommensurabeln. Sitzungsber. Berl. Math. Ges. 1, 4—9 (1901) und Math. Ann. 58, 583—584 (1904).

2) v. Helmholtz, Zählen und Messen. Philosophische Aufsätze Eduard Zeller gewidmet. Leipzig 1887, Fues. — Dedekind, Was sind und was sollen die Zahlen? Braunschweig 1888, Vieweg u. Sohn.

1831 in den Commentaren der Göttingischen Societät und noch mehr in den „Göttingischen gelehrten Anzeigen" gleichsam im Vorbeigehen erwähnt ist; nämlich die concentrirte Metaphysik der complexen Größen, während von der unendlichen Fruchtbarkeit dieses Prinzips für Untersuchungen räumliche Verhältnisse betreffend zwar vielfältig in meinen Vorlesungen gehandelt, aber Proben davon nur hin und wieder, und als solche nur dem aufmerksamen Auge erkennbar, bei andern Veranlassungen mitgetheilt sind. Indessen scheint dies nur eine partielle und entfernte Ähnlichkeit in der Tendenz zu sein; und ich sehe wohl, daß, um den eigentlichen Kern Ihres Werkes herauszufinden, es nöthig sein wird, sich erst mit Ihren eigenthümlichen Terminologien zu familiarisiren."

Grunert antwortet in einem Schreiben aus dem Jahre 1844, daß die Lektüre der Ausdehnungslehre mit ihren philosophischen Reflexionen für ihn nicht ohne Schwierigkeiten gewesen und daß es ihm noch nicht vollständig gelungen sei, sich eine ganz bestimmte und deutliche Ansicht über die eigentliche Tendenz des Werkes zu bilden.

Und auch derjenige, der als besonders kompetenter Richter über Graßmanns Ideen gelten mußte, Möbius, antwortet in einem Schreiben vom Jahre 1845: „Hierauf erwidere ich, daß es in der That mich innigst gefreut hat, in Ihnen einen Geistesverwandten kennen zu lernen, daß aber diese Geistesverwandtschaft nur hinsichtlich der Mathematik, nicht auch in Beziehung auf Philosophie stattfindet... Das philosophische Element Ihrer vortrefflichen Schrift, das doch dem mathematischen Elemente zu Grunde liegt, nach Gebühr zu würdigen, ja auch nur gehörig zu verstehen, bin ich daher unfähig, was ich auch genüglich daraus erkannt habe, daß bei den mehrfachen Versuchen, Ihr Werk uno tenore zu studiren, ich immer durch die große philosophische Allgemeinheit aufgehalten worden bin..."

Bei anderer Gelegenheit[1]) macht der Verfasser des baryzentrischen Kalkuls auf die Schwierigkeiten aufmerksam, mit denen das Studium der Ausdehnungslehre verknüpft ist, Schwierigkeiten, die, wie er sagt, „daraus hervorgehen, daß der Verfasser seine neue geometrische Analyse auf eine Weise zu begründen sucht, welche dem bisher bei mathematischen Betrachtungen gewohnten Gange ziemlich fern liegt, und daß er nach Analogien mit arithmetischen Operationen Objekte als Größen behandelt, die an sich keine Größen sind, und von denen man sich zum Theil keine Vorstellung machen kann."

Diese Größen, oder wie Graßmann sagt, die Elemente der Ausdehnungslehre werden wie folgt definiert. Er versteht unter Element „irgend ein Ding, welches einer stetigen Änderung irgendeines Zustandes, den es hat, fähig ist, wobei von allem anderweitigen Inhalte des Dinges und aller Besonderheit dieses seines Zustandes abstrahiert wird." Er fährt dann fort: „Wenn hierbei das Element seinen Zustand stets auf gleiche Weise ändert, so daß, wenn aus einem Element a des Gebildes durch eine solche Änderung ein anderes Element b hervorgeht, dann durch eine gleiche Änderung aus b ein neues Element c desselben Gebildes hervorgeht, so entsteht das der geraden Linie entsprechende Gebilde, das Gebiet zweiter Stufe." Ich will hier nicht auf die bereits von Möbius angedeuteten, mancherlei Bedenken eingehen, welche sich gegen diese zu allgemein gehaltenen Definitionen erheben

---

[1]) Möbius, Ges. W. I, S. 615.

lassen und besonders von Herrn Study erhoben worden sind. Man wird wohl nicht fehlgehen in der Annahme, daß sie durch Übertragung geometrischer Begriffe in die abstrakte Sprache gewonnen sind. Die Unbestimmtheit in den Definitionen verschwindet mit einem Schlage, sobald die neu gewonnenen Prinzipien auf das Gebiet der präzis definierten geometrischen Begriffe übertragen werden. Dabei findet Graßmann eine Methode von einer „unerschöpflichen Fruchtbarkeit, die darin besteht, daß räumliche Gebilde unmittelbar der Rechnung unterworfen werden," eine Methode, durch welche die von Leibniz geplante geometrische Analyse in die Wirklichkeit umgesetzt erscheint. Die Tendenz dieser Methode für die Geometrie ist, die synthetische und die analytische Methode zu verknüpfen. Auf der einen Seite vermag sie der Konstruktion auf Schritt und Tritt zu folgen, auf der andern Seite jeden konstruktiven Schritt unmittelbar in die Sprache der Analysis umzusetzen. „In der Ausdehnungslehre ist jede Gleichung nur der in die Form der Analyse gekleidete Ausdruck einer geometrischen Beziehung; diese Beziehung spricht sich rein und klar in der Gleichung aus, ohne durch willkürliche Größen, wie etwa die Koordinaten der gewöhnlichen Analyse, verhüllt zu sein, und kann aus ihr ohne weiteres abgelesen werden."

Dies erreicht Graßmann dadurch, daß er die Strecke AB in der durch die beiden Punkte A, B geführten Geraden ihrer Länge und Lage nach als Verknüpfung jener Punkte und zwar als eine eigentümliche Art der Multiplikation auffaßt, als das äußere Produkt $[AB]$, ebenso das durch drei Punkte A, B, C bestimmte Parallelogramm seinem Flächeninhalt und der Lage seiner Ebene nach als das äußere Produkt dreier Punkte $[ABC]$, so daß dieses Produkt gleich Null wird, wenn der Flächenraum jenes Parallelogramms verschwindet, d. h. wenn die drei Punkte kollinear liegen, und den Spat mit den Ecken A, B, C, D als das äußere Produkt $[ABCD]$ oder den Spat mit den Gegenkanten $\mathfrak{a}$, $\mathfrak{c}$ als das äußere Produkt $[\mathfrak{a}\mathfrak{c}]$, welches verschwindet, wenn die vier Punkte oder die beiden Kanten komplanar liegen; ferner den Durchschnittspunkt zweier Geraden der Ebene als ihr regressives äußeres Produkt, die Spur zweier Ebenen π_1, π_2 als regressives Produkt $[\pi_1 \pi_2]$, den Durchstoßpunkt von Gerade $\mathfrak{g}$ und Ebene π als regressives Produkt $[\mathfrak{g}\pi]$, den Durchschnittspunkt dreier Ebenen π_1, π_2, π_3 als regressives Produkt $[\pi_1 \pi_2 \pi_3]$ usw. Wie bekannt, unterscheidet sich die äußere Multiplikation von der gewöhnlichen dadurch, daß das kommutative Gesetz nicht mehr erhalten bleibt, d. h. man darf die Faktoren eines Produktes $[AB]$, wo A, B Elemente erster Stufe bedeuten, nur vertauschen, wenn man zugleich das Vorzeichen des Produkts umkehrt, während die übrigen Gesetze der Multiplikation bestehen bleiben. Dabei muß bemerkt werden, daß die Namengebung „äußeres Produkt" nicht gerade eine glückliche genannt werden kann. Fraglos ist, daß eine Reihe von Mathematikern sich vom Studium der Ausdehnungslehre schon durch den Satz haben abschrecken lassen, wonach ein Produkt Null werden könne, ohne daß einer seiner Faktoren zu verschwinden braucht. Und doch besagt der in Frage stehende Satz — da sich das äußere Produkt als Determinante deuten läßt — nichts anderes als das Verschwinden einer Determinante, wo zwei Elementenreihen zusammenfallen.

Zu den schönsten Anwendungen dieser neuen Begriffsbildungen gehören wohl die Anwendungen, welche Graßmann von seiner neuen Analyse auf die Kurventheorie gemacht hat. Leider hat er ihnen in der Ausdehnungslehre nur sechs Seiten gewidmet und über ihre Fruchtbarkeit nichts mehr als bloße Andeutungen gegeben; die ausführliche Darlegung, die für den zweiten Teil der Ausdehnungslehre bestimmt war, brachte er später in einer Reihe kristallklar geschriebener Arbeiten im Crelleschen Journal. Graßmann gelangt hier als erster zu einer rein geometrischen Theorie der algebraischen Kurven und Oberflächen. Ich begnüge mich, den Hauptsatz anzuführen, auf den sich die neue Theorie für ebene Kurven gründet: „Wenn die Lage eines beweglichen Punktes x in der Ebene dadurch beschränkt ist, daß ein Punkt und eine Gerade, welche durch Konstruktion mittels des Lineals aus jenem Punkte x und einer Reihe fester Punkte und Geraden hervorgehen, zusammenliegen sollen, so beschreibt der Punkt x ein algebraisches Punktgebilde und zwar vom $n$ten Grade, wenn bei jenen Konstruktionen der bewegliche Punkt n-mal angewandt ist." Und umgekehrt läßt sich jede algebraische Kurve auf die angegebene Weise erzeugen. Der entsprechende Satz für die durch eine veränderliche Gerade umhüllte Kurve n-ter Klasse fließt aus dem angegebenen, wenn Punkt und Gerade vertauscht werden. Wie diese Sätze für Raumkurven, Komplexe und Linienkongruenzen zu ergänzen sind, hat später Caspary angegeben. Graßmann nennt diese Erzeugungsweise lineal, nicht etwa um auszudrücken, daß man die ebenen algebraischen Kurven vermittelst des Lineals zu zeichnen vermöge. Er sagt ausdrücklich, daß die neue Theorie auch diejenigen algebraischen Kurven einer rein geometrischen Behandlung zugänglich machen soll, die sich nicht durch bloßes Ziehen von geraden Linien erzeugen lassen. Man kann sagen, jedesmal, wenn es gelingt, die Gleichung einer algebraischen Kurve auf die Form eines äußeren Produkts von Punkten und Geraden zu bringen, ist auch ein Bewegungsmechanismus aus Stiften und Stäben zu ihrer Erzeugung gefunden, und umgekehrt ist es stets möglich einen solchen Mechanismus zur Erzeugung der algebraischen Kurven ausfindig zu machen.

Die Nebeneinanderstellung der Raumelemente in dem äußeren Produkt, das, gleich Null gesetzt, die Gleichung eines Raumgebildes darstellt, liefert aber nicht nur die lineale Konstruktion des Gebildes, — dann hätte man ja nur eine symbolische Darstellung: Wählt man für die Punkte, Geraden und Ebenen ihre Darstellung in homogenen Koordinaten, so liefert das äußere Produkt auch die Koordinatendarstellung des Gebildes, eben weil die Graßmannsche Darstellung mehr als ein Symbol, weil sie ein Algorithmus ist.

Von besonderer Wichtigkeit sind Graßmanns Anwendungen auf die höhere Projektivität und Perspektivität in der Ebene, die ebenfalls erst in einer späteren Abhandlung des Crelleschen Journals ihre ausführliche Darlegung gefunden haben. Nachdem er gezeigt hat, daß die fruchtbaren Beziehungen der Projektivität und Perspektivität, wie sie von Steiner bearbeitet sind, unmittelbar aus seiner geometrischen Analyse fließen, kommt er zu dem Satz, daß jede ebene algebraische Kurve $(m+n)$-ter Ordnung als Durchschnitt zweier projektiven Kurvenbüschel m-ter und n-ter Ordnung erzeugt wird, wo die m^2 bzw. n^2 Scheitel der Büschel auf der Kurve $(m+n)$-ter Ordnung liegen. Diese Erzeugungsweise der Kurven höherer Ordnung durch projektive Büschel von Kurven niederer Ordnung ist bis in die neueste Zeit Chasles und de Jonquières zugeschrieben worden, obwohl, worauf schon Herr Scheffers hingewiesen hat, Graßmanns Arbeit aus dem Jahre 1851 stammt[1]), während

---
1) Graßmann, Ges. W. II, S. 218—219.

die Aufsätze der beiden Franzosen erst 1853 bzw. 1858 erschienen sind. Es dürfte an der Zeit sein, daß die neuen Auflagen von Clebsch-Lindemann, Vorlesungen über Geometrie, Salmon-Fiedler, Analytische Geometrie der höheren ebenen Kurven, Pascal, Repertorium der höheren Mathematik, den wahren Sachverhalt aufnehmen und von der Graßmannschen statt von der Chasles-de Jonquièresschen Erzeugung der algebraischen Kurven sprechen.

Um eine rechte Vorstellung von dem Umfang und dem Reichtum der Gedankenwelt zu geben, welcher die Ausdehnungslehre entsprang, müßte ich noch die anderen, später erschienenen Abhandlungen zu Rate ziehen, die zum großen Teil nichts anderes bieten als breitere Ausführungen von Andeutungen in der Ausdehnungslehre vom Jahre 1844.

Ich begnüge mich, als charakteristisch für die Vielseitigkeit der Graßmannschen Methoden noch ihre Anwendbarkeit auf die Determinanten, auf die Mechanik, die Elektrodynamik und die Kristallographie hervorzuheben. Die ausführlichen Darlegungen über Elektrodynamik erfolgten erst ein Jahr später in einer größeren Abhandlung der Poggendorffschen Annalen und führten Graßmann zur Auffindung des elektrodynamischen Grundgesetzes, welches etwa dreißig Jahre später von physikalischen Gesichtspunkten aus Clausius noch einmal entdecken sollte.

Die Ausdehnungslehre von 1844 fand bei den Fachgenossen so gut wie keine Beachtung, die in ihr niedergelegten Keime blieben zunächst unentwickelt, und der Verleger sah sich schließlich genötigt, die nicht abzusetzenden Exemplare einstampfen zu lassen! Von der Herausgabe des zweiten Teils der Ausdehnungslehre nahm der Autor bei dieser Sachlage Abstand.

Ich habe schon vorhin bemerkt, daß Graßmanns Ausdehnungslehre in Leibniz einen Vorgänger gehabt hat. Es ist nun sehr bemerkenswert, daß ungefähr zur selben Zeit, wo Graßmann zu seinem Kalkul geführt wurde, an den verschiedensten Orten ähnliche Gedankenreihen aufgetaucht sind, die sich zunächst ganz unabhängig voneinander entwickelt haben. Und es scheint mir für den Historiker, der die Geschichte der mathematischen Wissenschaften im 19. Jahrhundert einmal darstellen wird, eine reizvolle Aufgabe, darzulegen, wie und weshalb gerade um die Zeit von 1830—1850 der Boden reif war für die Entwicklung der Ausdehnungslehre oder, in moderner Ausdrucksweise, für die Ideen der Vektoranalysis, „den Gedanken nachzuspüren, welche gemeinschaftlich in Generationen sich entwickeln, und die allgemeinen Prozesse darzulegen, für welche die Entdeckungen des Einzelnen mehr die Symptome als die treibenden Ursachen darstellen."[1]) Eingeleitet wurden diese Ideen, wenn ich von den erst neuerdings bekannt gewordenen Gaußschen Resultaten absehe, durch den „niemals genug zu bewundernden" baryzentrischen Kalkul aus dem Jahre 1827 und die Mechanik des Himmels aus dem Jahre 1843 von Möbius in Leipzig und durch die Theorie der Äquipollenzen aus dem Jahre 1835 von Bellavitis in Padua. Es folgte dann die Schöpfung der Quaternionenmethode durch Hamilton in Dublin in einer Reihe von Aufsätzen[2]) aus den Jahren 1843, 1844 und in seinen Lec-

---

1) Clebsch, Gedächtnisrede auf Julius Plücker, Abh. I, S. X.
2) Researches respecting quaternions vorgelegt Nov. 1843 und an derselben Stelle 21 (1848) abgedruckt. — On quaternions; or on a new system of imaginaries in algebra. Phil. Mag. (2) 25 (1844), 10—13.

tures on Quaternions aus dem Jahre 1853. Und endlich trat 1845 de Saint-Venant mit der geometrischen Multiplikation der Strecken hervor, welche mit Graßmanns äußerer Multiplikation identisch ist.

Die neuere Gauß-Forschung hat, in Ergänzung des oben mitgeteilten Schreibens von Gauß an Graßmann, eine interessante Notiz des Göttinger Olympiers zutage gefördert, die im Jahre 1843 mit Beziehung auf den Möbiusschen baryzentrischen Kalkul niedergeschrieben zu sein scheint.[1]) Sie lautet: „Der barycentrische Calcul findet sein Gegenstück in einem andern (vermutlich noch umfassendern) Calcul, den man den Resultantencalcul nennen könnte. So wie der erste sich mit Punkten beschäftigt, in denen man schwere Massen voraussetzt; so würde letzterer zum Gegenstande haben Linien, in welchen Kräfte wirken. Sind a, b, c, d usw. solche Linien, in denen, in jeder in bestimmtem Sinn, Kräfte wirken, die den Zahlen $\alpha, \beta, \gamma, \delta$ usw. proportional sind, so würde die Gleichung

$$\alpha a + \beta b + \gamma c + \delta d + \text{usw.} = 0$$

bedeuten, daß diese Kräfte einander das Gleichgewicht halten." Dieser „Resultantenkalkul" ist aber nichts anderes als ein Sonderfall der Ausdehnungslehre, wo die „Linienteile" oder gebundenen Vektoren als Kräfte gedeutet werden.

Während sich die Ideen von Möbius und Bellavitis in der Ausdehnungslehre wiederfinden, nur daß Graßmann über diese Vorgänger weit hinausgegangen ist, besteht ein wesentlicher Unterschied zwischen der Methode der Ausdehnungslehre und der Quaternionenmethode. Ersetzt Hamilton das Produkt zweier Vektoren sofort wieder durch einen Vektor, führt er also das Produkt zweiter Stufe wieder auf die ursprünglichen Einheiten zurück, so baut Graßmann sein System auf dem Begriff der Dimension oder Stufe auf und führt den selbständigen Begriff der Plangröße, des Bivektors ein. Begnügt sich Hamilton mit dem Begriff des freien Vektors, so muß Graßmann neben dem freien noch den gebundenen Vektor unterscheiden, den freien und gebundenen Bivektor usw.[2]) Wenn demnach die Hamiltonsche Ausbildung der Vektoranalysis sehr viel einfacher erscheint, so ist andrerseits die Ausdehnungslehre als die umfassendere und weiter reichende Disziplin anzusprechen. Man kann hiernach von einer Graßmannschen und einer Hamiltonschen Richtung in der Vektoranalysis reden. Diese Zweiteilung hat nicht gerade dazu beigetragen, die Anerkennung und Verbreitung der Vektoranalysis in der mathematischen Welt zu beschleunigen, sie ist in erster Linie schuld daran, daß die vektoriellen Bezeichnungen von Autor zu Autor wechseln, so daß man nachgerade von einer Anarchie in dieser Hinsicht reden kann. Nun hat allerdings die Enzyklopädie der mathematischen Wissenschaften Bezeichnungen in Vorschlag gebracht, welche die mathematischen Physiker und Techniker adoptiert haben. Ich halte es aber für ausgeschlossen, daß sich die Mathematiker auf diese Bezeichnung einigen werden. Wohl aber scheint es mir, mit Burali-Forti und Marcolongo[3]), möglich und wünschenswert, daß sich die Mathematiker, ohne Rücksicht auf

---

1) Gauß, Ges. W. VIII, S. 298.
2) Vgl. E. Jahnke, Vorlesungen über die Vektorenrechnung. Leipzig 1905, B. G. Teubner.
3) Per l'unificazione delle notazioni vettoriali, Rend. Circ. mat. Palermo 1907 und 1908. Vgl. dazu die Diskussion in l'Enseign. math. **11**, 41—46, 129—134, 211—217.

die Anwendungen in Physik und Technik, allein im Hinblick auf die Anwendungen in Geometrie und Mechanik über eine Bezeichnung einigten.

Der Mißerfolg seines Werkes veranlaßte Graßmann zu einer vollständigen Umarbeitung, indem er auf die Darstellung zurückgriff, wie sie ihm bereits vor Abfassung der Ausdehnungslehre 1844 vorgeschwebt hatte, und diese Umarbeitung führte nach siebzehn Jahren zur Ausdehnungslehre von 1862. Er ließ sie auf eigene Kosten in einer Auflage von 300 Exemplaren drucken und gab sie dem Berliner Verlag Enslin in Kommission. Die Ausdehnungslehre von 1862 ist sowohl dem Inhalte nach wie hinsichtlich des Aufbaues durchaus verschieden von der Ausdehnungslehre 1844. Aber auch hier vergreift sich Graßmann in der Darstellungsform, was wohl durch seine isolierte Stellung in Stettin zu erklären ist, wo ihm jede Gelegenheit zu einer Aussprache mit Mathematikern fehlte. Man hatte eine Darstellung in der Art der Crelle-Abhandlungen erwartet, statt dessen wählte der Autor die Euklidische Form, die für das akademische Publikum noch weniger geeignet war als die freie philosophische Behandlung in der Ausdehnungslehre 1844, zu einer Zeit, wo man durch die Darstellungen von Jacobi, Steiner, Plücker, Hesse verwöhnt war.

Die Bearbeitung schließt sich an die Arithmetik an. Gleichwie die elementare Arithmetik alle Größen aus einer einzigen, der Einheit e entwickelt, wie es Graßmann in seinem klassischen Lehrbuch der Arithmetik (Stettin 1860, R. Graßmann) dargelegt hat, so setzt die Ausdehnungslehre 1862 (kürzer A_2) mehrere solche Größen $e_1, e_2, \ldots$, von denen keine aus den übrigen ableitbar ist. Die aus diesen Einheiten linear zusammengesetzten Größen werden extensive Größen oder Ausdehnungsgrößen genannt. Von besonderer Wichtigkeit ist der allgemeine Begriff der Multiplikation extensiver Größen, der zur Betrachtung der verschiedenen Multiplikationsarten führt. Aus diesen werden zwei herausgehoben, die algebraische und die äußere Multiplikation. Während jene genau den Gesetzen der gewöhnlichen Algebra gehorcht, zeigt sich diese als für die Ausdehnungslehre charakteristisch, indem sie die verschiedenen Größen liefert, die in der Ausdehnungslehre hervortreten. Mittels des Begriffs der Ergänzung läßt sich das innere Produkt als äußeres auffassen. Unter der Ergänzung einer extensiven Größe E in einem Gebiet n-ter Stufe mit den Einheiten $e_1, e_2, \ldots e_n$, wo $[e_1 e_2 \ldots e_n] = 1$ ist, versteht Graßmann diejenige Größe E', welche gleich dem positiven oder negativen äußeren Produkt aller in E nicht vorkommenden Einheiten ist, je nachdem $[E E'] = \pm 1$, also z. B. $e_3 = e_1 e_2$ im Gebiet dritter Stufe, da doch $[e_1 e_2 e_3] = + 1$. Auf diesem Wege werden die Sätze der ersten Ausdehnungslehre (kürzer A_1) ganz von neuem und einwandsfrei begründet, und zugleich wird durch Einführung zahlreicher, neuer Begriffe und deren rechnerische Entwicklung das Gebiet für die Anwendbarkeit des Kalküls bedeutend erweitert.

Der erste Abschnitt: „Die einfachen Verknüpfungen extensiver Größen" schließt mit Anwendungen auf Geometrie, von denen ich bereits gesprochen habe. Graßmann glaubte in seiner Ausdehnungslehre ein Universalinstrument für die geometrische Forschung geschaffen zu haben, dessen Hauptvorzug er in der Vermeidung willkürlicher Koordinatensysteme erblickte. Nach Study und Engel „läßt sich Graßmanns Vorstellung vom Wesen der Geometrie heute genauer so ausdrücken, daß es im Grunde die Eigenschaften gewisser Transformationsgruppen waren, die damals ausschließlich den Inhalt der geometrischen Forschung bildeten. Jetzt, wo wir namentlich durch die Arbeiten von Lie von der außerordentlichen Mannigfaltigkeit der Gruppen und von der zu einer jeden gehörigen „Geometrie", d. h. Invariantentheorie eine genauere Vorstellung haben, müssen wir sagen, daß es ein solches Universalinstrument, wie es Graßmann in seiner Ausdehnungslehre zu besitzen glaubte, nicht gibt und nicht geben kann. In der Tat handelt es sich in der Ausdehnungslehre 1844 vorwiegend um gewisse Algorithmen, die zur allgemeinen projektiven Gruppe und zur Gruppe der affinen Transformationen gehören. In der Ausdehnungslehre 1862 kommen zu diesen beiden Gruppen noch die Gruppe der Drehungen um einen festen Punkt und die umfassende Gruppe der Euklidischen Bewegungen."

Der zweite Abschnitt behandelt die Funktionentheorie, die Differentialrechnung, die Lehre von den Reihen und die Integralrechnung, insofern als dabei extensive Größen auftreten. Er zieht ein neues, in der Bearbeitung von 1844 gar nicht berührtes Gebiet in den Kreis der Betrachtung, und hier tritt der umfassende Charakter der Anwendungen der Ausdehnungslehre so recht zutage. Es genüge an dieser Stelle auf Graßmanns Theorie der geometrischen Verwandtschaften nachdrücklich hinzuweisen, welche in den Anmerkungen der Gesammelten Werke durch Graßmanns Sohn eine lichtvolle Bearbeitung gefunden hat.

Eine besondere Zierde der A_2 bilden Graßmanns Untersuchungen über das Pfaffsche Problem. Herr Engel, der verdienstvolle Herausgeber der gesammelten Werke Graßmanns, hat die Herausgabe des zweiten Bandes zum Anlaß genommen, um auf diese weit über Jacobis Resultate hinausgehenden Leistungen des Stettiner Meisters nachdrücklich hinzuweisen, nachdem schon zwanzig Jahre vorher Lie auf ihre Wichtigkeit aufmerksam gemacht hatte.

Die zweite Ausdehnungslehre fand kein besseres Schicksal als ihre Vorgängerin. Ein Umschwung in der Bewertung trat erst ein, nachdem Hankel, Cremona und Clebsch nachdrücklich auf die Untersuchungen des Stettiner Gymnasiallehrers hingewiesen und nachdem Schlegel sein System der Raumlehre (Leipzig 1872/75, B. G. Teubner) veröffentlicht hatte, wo die Graßmannsche Analyse auf die Gebilde der elementaren Geometrie angewandt wird. Als interessant verdient erwähnt zu werden, daß Weierstraß bei Gelegenheit seiner Vorlesungen über die Anwendungen der elliptischen Funktionen auf das Rotationsproblem Graßmanns inneres und äußeres Produkt wenigstens erwähnt hat.[1]) Und in seiner Einleitungsvorlesung über die Theorie der analytischen Funktionen pflegte Weierstraß auf die Verallgemeinerung des Begriffs der Grundoperationen durch Graßmann und Hamilton jedesmal näher einzugehen, allerdings nur, um den Nachweis für die bekannte Bemerkung von Gauß aus dem Jahre 1831[2]) zu erbringen:

„Der Verfasser hat sich vorbehalten, den Gegenstand, welcher in der vorliegenden Abhandlung eigentlich nur gelegentlich berührt ist, künftig vollständiger zu bearbeiten, wo dann auch die Frage, warum die Relationen zwischen Dingen, die eine Mannigfaltigkeit von mehr als zwei Dimensionen bieten, nicht noch andere in der allgemeinen Arithmetik zulässige Arten von Größen liefern können, ihre Beantwortung finden wird."

---

1) Nach einer freundlichen Mitteilung von Herrn Hettner.
2) Ges. W. II, S. 178.

Immerhin trug auch diese kritische Stellungnahme des Berliner Meisters dazu bei, die Graßmannschen Ideen mehr und mehr zu verbreiten.

Der Umschwung tat sich nach außen hin dadurch kund, daß die Nachfrage nach der inzwischen selten gewordenen ersten Ausgabe des Werkes 1844 zunahm, so daß sich die Verlagsbuchhandlung zu einer zweiten Auflage entschloß. Die Ausdehnungslehre 1877 ist ein unveränderter Abdruck der A_1, nur daß eine Reihe von Anmerkungen beigefügt worden sind.

Und wenn es heute nicht bloß eine Reihe von Mathematikern gibt, die nahezu ausschließlich mit Graßmannschen Methoden arbeiten, wenn man heute vielleicht schon sagen kann, daß die Gedanken der Ausdehnungslehre der Mehrheit der Mathematiker nicht mehr ganz fremd geblieben sind, so ist dies in erster Linie der Herausgabe der Graßmannschen Werke auf Veranlassung der Sächsischen Gesellschaft der Wissenschaften durch Herrn Engel zu danken. Die zahlreichen Anmerkungen, welche Herr Engel im Verein mit den Herren Graßmann d. J., Scheffers und Study dem Texte beigefügt haben, dürften für das tiefere Verständnis des unsterblichen Werkes bedeutsame Dienste tun. Bei dieser Gelegenheit sei auch der Arbeiten des so früh verstorbenen Caspary gedacht, der sich die Verbreitung der Graßmannschen Ideen zur Lebensaufgabe machte.

Ich möchte diese Ausführungen mit den prophetischen Worten Graßmanns aus seiner Vorrede zur Ausdehnungslehre 1862 schließen, welche uns das Bild eines Mannes vor Augen stellen, der von der Schönheit und Erhabenheit seiner Wissenschaft begeistert war, und dessen Glaube an den Erfolg seines Schaffens mangelnder äußerer Erfolg nicht zu erschüttern vermochte:

„Denn ich bin der festen Zuversicht, daß die Arbeit, welche ich auf die hier vorgetragene Wissenschaft verwandt habe, und welche einen bedeutenden Zeitraum meines Lebens und in demselben die gespannteste Anstrengung meiner Kräfte in Anspruch genommen hat, nicht verloren sein werde. Zwar weiß ich wohl, daß die Form, die ich der Wissenschaft gegeben, eine unvollkommene ist und sein muß. Aber ich weiß auch und muß es aussprechen, auch auf die Gefahr hin, für anmaßend gehalten zu werden, — ich weiß, daß, wenn auch dies Werk noch neue siebzehn Jahre oder länger hinaus müßig liegen bleiben sollte, ohne in die lebendige Entwicklung der Wissenschaft einzugreifen, dennoch eine Zeit kommen wird, wo es aus dem Staube der Vergessenheit hervorgezogen werden wird, und wo die darin niedergelegten Ideen ihre Frucht tragen werden. Ich weiß, daß, wenn es mir auch nicht gelingt, in einer bisher vergeblich von mir ersehnten Stellung einen Kreis von Schülern um mich zu sammeln, welche ich mit jenen Ideen befruchten und zur weiteren Entwicklung und Bereicherung derselben anregen könnte, dennoch einst diese Ideen, wenn auch in veränderter Form, neu erstehen und mit der Zeitentwicklung in lebendige Wechselwirkung treten werden. Denn die Wahrheit ist ewig, ist göttlich; und keine Entwicklungsphase der Wahrheit, wie geringe auch das Gebiet sei, was sie umfaßt, kann spurlos vorübergehen; sie bleibt bestehen, wenn auch das Gewand, in welches schwache Menschen sie kleiden, in Staub zerfällt."

Über die Verwertung der Streckenrechnung in der Kreiseltheorie.

Von H. Graßmann in Gießen.

Hochansehnliche Festversammlung!

In den hinterlassenen Papieren meines Vaters finden sich verschiedene Ansätze zu einer Bearbeitung der Kreiseltheorie, in denen er die Methoden seiner Ausdehnungslehre für dieses Gebiet der Mechanik zu verwerten sucht. Aber seine Behandlung des Gegenstandes ist nicht zu einem völlig befriedigenden Abschlusse gelangt, so daß weder er selbst etwas von seinen Untersuchungen veröffentlicht hat, noch auch seine Darstellung in der Gesamtausgabe seiner mathematischen und physikalischen Werke berücksichtigt worden ist. Immerhin sind indes meiner Meinung nach in seinen Aufzeichnungen einige so hübsche und entwickelungsfähige Gedanken enthalten, daß es mir lohnend erschien, die Sache weiter zu verfolgen, und ich möchte mir erlauben, Ihnen in dieser Festsitzung einiges von den Ergebnissen meiner Beschäftigung mit dem Gegenstande vorzutragen[1]).

Ich schicke einige Begriffe aus der Streckenrechnung voraus.

Bekanntlich versteht man unter einer **Strecke** ein Linienstück, an dem die drei Attribute der Länge, der Richtung und des Sinnes festgehalten werden. Insbesondere werden zwei Strecken dann und nur dann einander gleich gesetzt, wenn sie gleiche Länge haben, parallel sind und nach derselben Seite laufen.

Andererseits wird unter einem **Felde** ein Flächenstück verstanden, bei dem neben seiner Größe auch die Stellung seiner Ebene und der Umlaufssinn als wesentliche Merkmale angesehen werden.

Zur analytischen Darstellung eines Feldes benutzt mein Vater eine besondere Art der Multiplikation von Strecken, die er als **äußere Multiplikation** bezeichnet und durch Einschließung in „scharfe" Klammern von der gewöhnlichen Multiplikation unterscheidet. Sind nämlich a und b zwei beliebige Strecken, so versteht er unter dem äußeren Produkte $[ab]$ dasjenige Feld, das nach Größe und Stellung durch das Parallelogramm mit den Seiten a

---

[1]) Von sonstigen Bearbeitungen der Kreiseltheorie mit Hülfe der Streckenrechnung mögen hier erwähnt werden: J. Lüroth, Grundriß der Mechanik. München, 1881. — G. Mannoury, Nouvelle démonstration des théorèmes sur les points d'inflexion de l'herpolhodie. Bulletin des Sciences mathématiques. Deuxième série. Tome XIX (1895), p. 282—288. Diese Arbeit enthält wohl die weitaus kürzesten Beweise für die in ihrem Titel genannten Sätze. — Ferner: F. Klein und A. Sommerfeld, Über die Theorie des Kreisels. Heft I. Leipzig, 1897. S. 139 ff. — Föppl, Vorlesungen über technische Mechanik, 4. Bd. Dynamik. Erste Auflage. Leipzig, 1899. S. 137 ff. — Derselbe, Lösung des Kreiselproblems mit Hilfe der Vektoren-Rechnung. Zeitschrift für Mathematik und Physik, Bd 48 (1903), S. 272 ff. — E. Jahnke, Vorlesungen über Vektorenrechnung. Leipzig, 1905. S. 203 ff. — E. Stübler, Der Impuls bei der Bewegung eines starren Körpers. Zeitschrift für Mathematik und Physik, Bd. 54 (1907), S. 225 ff.

und b bestimmt wird, und dessen Umlaufssinn man erhält, indem man die Seiten a und b in dieser Reihenfolge und in ihrem Sinne durchläuft (vgl. Fig. 1).

Die wichtigsten Gesetze der Multiplikation bleiben auch für das äußere Produkt in Gültigkeit, namentlich erweist sich das *distributive Gesetz*, welches in der Formel

(1) $$[(a+b)c] = [ac] + [bc]$$

enthalten ist, als richtig, so lange die Strecken a, b und c derselben Ebene parallel sind, die in der Formel auftretenden Felder also als gleichbenannte Größen erscheinen (vgl. Fig. 2). Ist hingegen diese Bedingung nicht erfüllt, haben also die Felder $[ac]$ und $[bc]$ verschiedene Stellung, so kann die Formel (1) als Definition der Summe solcher Felder dienen (vgl. Fig. 3).

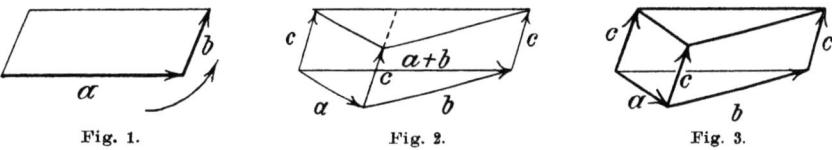

Fig. 1. Fig. 2. Fig. 3.

Es bestehen indes für die äußeren Produkte auch noch einige *besondere Gesetze*, die von denen der gewöhnlichen Multiplikation abweichen: So wird offenbar *ein äußeres Produkt zweier Strecken nicht nur dann null, wenn ein Faktor verschwindet, sondern auch, wenn beide Faktorstrecken einander parallel sind;* namentlich ist stets

(2) $$[aa] = 0.$$

Faßt man ferner in dieser Formel die Strecke a als Summe zweier Strecken b und c auf, so wird

$$[(b+c)(b+c)] = 0;$$

woraus mit Rücksicht auf (2) folgt

$$[cb] + [bc] = 0$$

oder

(3) $$[cb] = -[bc],$$

das heißt: *Ein äußeres Produkt zweier Strecken ändert sein Zeichen, wenn man seine Faktoren miteinander vertauscht.* Oder geometrisch ausgedrückt: *Bei Umkehrung des Umlaufssinnes nimmt ein Feld den entgegengesetzten Wert an.*

Die bisher entwickelten Hülfsmittel der Streckenrechnung genügen bereits, um aus den Grundgleichungen der Dynamik das Prinzip der Flächen abzuleiten. Ist die Strecke

(4) $$x = x_{(t)}$$

eine Funktion einer veränderlichen Zahlgröße t, und hält man den Anfangspunkt o der Strecke x im Raume fest, so beschreibt bei stetiger Veränderung des „Parameters" t ihr Endpunkt eine Kurve im Raum, und die Strecke x wird zum Träger des laufenden Punktes dieser Kurve (vgl. Fig. 4). Stellt insbesondere der Parameter t die Zeit dar, so wird der **Differentialquotient**

$$\frac{dx}{dt} = x'$$

nach Länge, Richtung und Sinn die **Geschwindigkeitsstrecke des Punktes mit dem Träger** x oder, wie wir kurz sagen wollen, „**des Punktes** x", und ebenso wird der zweite Differentialquotient

$$\frac{d^2x}{dt^2} = x''$$

die **Beschleunigungsstrecke des Punktes** x.

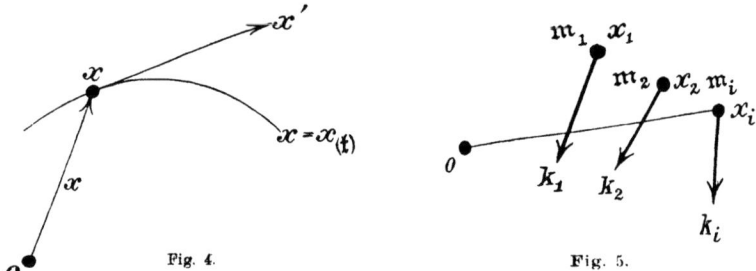

Fig. 4.   Fig. 5.

Sind daher $\mathfrak{m}_1, \mathfrak{m}_2, \ldots \mathfrak{m}_n$ die Massen der Punkte eines beliebigen Punktsystems mit den Trägern $x_1, x_2, \ldots x_n$, und sind $k_1, k_2, \ldots k_n$ die Strecken der auf diese Punkte wirkenden Kräfte (vgl. Fig. 5), so lauten die Grundgleichungen der Dynamik

(5) $\qquad \mathfrak{m}_i x_i'' = k_i, \qquad i=1, 2, \ldots n.$

Multipliziert man diese Gleichungen an erster Stelle äußerlich mit x_i und summiert über i von 1 bis n, so erhält man die Gleichung

(6) $\qquad \sum_{1}^{n} \mathfrak{m}_i [x_i x_i''] = \sum_{1}^{n} [x_i k_i].$

Hier läßt sich die linke Seite als Differentialquotient darstellen; denn es wird

$$\frac{d[x_i x_i']}{dt} = [x_i' x_i'] + [x_i x_i''],$$

oder da das erste Glied der rechten Seite nach der Formel (2) verschwindet:

$$\frac{d[x_i x_i']}{dt} = [x_i x_i''].$$

Und substituiert man diesen Wert für das Produkt $[x_i x_i'']$ in die Gleichung (6), so nimmt diese die Form an:

(7) $\qquad \frac{d}{dt} \sum_{1}^{n} \mathfrak{m}_i [x_i x_i'] = \sum_{1}^{n} [x_i k_i].$

Das ist bereits die Gleichung des Prinzips der Flächen. In der Tat ist die rechte Seite die Summe der Momente der wirkenden Kräfte in bezug auf den Anfangspunkt o der Träger, diese Summe genommen in dem oben (auf Seite 101) beschriebenen Sinne.

Bei der Addition heben sich hier übrigens die Momente der inneren Kräfte gegenseitig auf. Sind nämlich $k_i^{(j)}$ und $k_j^{(i)}$ die Strecken zweier inneren Kräfte, die zwischen irgend zwei Punkten x_i und x_j des Punktsystems wirken, ist also

$$k_j^{(i)} = - k_i^{(j)},$$

so stimmen die von diesen Kräften herrührenden Momente

$$[x_i k_i^{(j)}] \text{ und } [x_j k_j^{(i)}]$$

nach Stellung und Größe miteinander überein, haben aber verschiedenen Umlaufssinn. Sie sind somit einander entgegengesetzt gleich. (Vgl. die Figur 6, in der die schraffierten Dreiecke die Hälfte der in Frage stehenden Momente darstellen).

Man darf sich daher bei der Bildung der Summe auf der rechten Seite der Gleichung (7) auf die Momente der äußeren Kräfte beschränken und bezeichnet deshalb diese Summe auch als das **Moment aller äußeren Kräfte in bezug auf den Anfangspunkt o der Träger.**

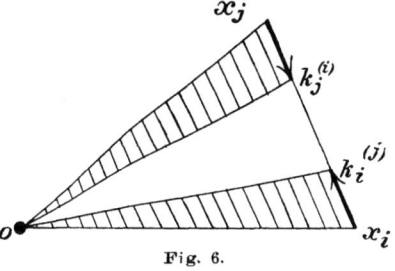

Fig. 6.

Die Summe auf der linken Seite kann man in ähnlicher Weise auffassen, wenn man sich die Faktoren $\mathfrak{m}_i$ und x_i' zu dem Produkte $\mathfrak{m}_i x_i'$ zusammengefaßt denkt. Dasselbe stellt dann die Strecke der Bewegungsgröße des Punktes x_i oder, wie man auch sagt, die **Impulsstrecke** dieses Punktes dar. Der Ausdruck unter dem Summenzeichen ist daher das **Impulsmoment des Punktes x_i in bezug auf den Punkt o**, und die ganze Summe linker Hand wird das **Impulsmoment des Punktsystems in bezug auf den Punkt o** genannt.[1]

Die Gleichung (7) sagt somit aus, *daß der Differentialquotient des Impulsmoments des Punktsystems nach der Zeit gleich dem Moment der äußeren Kräfte ist*.

Sind, wie es bei einem kraftfreien Kreisel der Fall ist, nur innere Kräfte und solche äußeren Kräfte vorhanden, die nach einem festen Zentrum gerichtet sind, so wird man dieses feste Zentrum zum Anfangspunkt der Träger wählen; dann haben die Strecken x_i und k_i dieselbe Richtung, und es verschwinden also auf der rechten Seite von (7) alle einzelnen Momente. Die Gleichung reduziert sich also auf

$$\frac{d}{dt} \sum_{1}^{n} \mathfrak{m}_i [x_i x_i'] = 0$$

---

[1] Vgl. F. Klein und A. Sommerfeld, Über die Theorie des Kreisels. Heft I. Leipzig, 1897. S. 93ff. — H. Graßmann, Die Drehung eines kraftfreien starren Körpers um einen festen Punkt. Zeitschrift für Math. und Phys. Bd. 48 (1903), S. 332ff. — E. Jahnke, Vorlesungen über Vektorenrechnung. Leipzig, 1905. S. 217ff.

und liefert bei der Integration die Gleichung

$$(8) \qquad \sum_1^n \mathfrak{m}_i [x_i x_i'] = C,$$

in der C ein konstantes Feld bezeichnet, und damit den Satz:

Wirken auf ein Punktsystem nur äußere und solche inneren Kräfte ein, die nach einem festen Zentrum gerichtet sind, so ist das Impulsmoment des Punktsystems in bezug auf das feste Zentrum nach Stellung, Größe und Sinn konstant.

Für die weitere Entwickelung braucht man noch einige andere Hülfsmittel aus der Streckenrechnung.

Das äußere Produkt $[abc]$ dreier Streckenfaktoren a, b, c soll einen Körperraum darstellen, dessen Größe und Sinn durch ein Parallelepiped an-

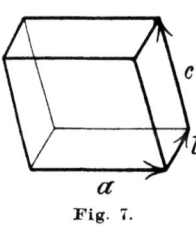

Fig. 7.

gegeben wird, das die Strecken a, b, c zu Kanten hat (vgl. Fig. 7). Ein solches Produkt bildet einen gewissen Gegensatz zu dem zweifaktorigen Streckenprodukt, insofern ihm nicht mehr ein die Stellung im Raume bezeichnendes Attribut anhaftet. Infolgedessen erscheinen alle dreifaktorigen äußeren Streckenprodukte als *gleichartige Größen und können wie bloße Zahlen behandelt werden*, sobald man eins von diesen Produkten der Zahleinheit gleichsetzt. Denn der einzige Unterschied, der bei diesen Körperräumen neben

ihrer Größe noch hervortritt, der Sinn des Abbiegens der dritten Strecke gegen die beiden ersten, läßt sich vollständig durch verschiedene Vorzeichen der Volumzahlen dieser Körperräume wiedergeben.

In einem engen Zusammenhange mit den dreifaktorigen Streckenprodukten steht wieder der Begriff der **Ergänzung einer Strecke und eines Feldes**.

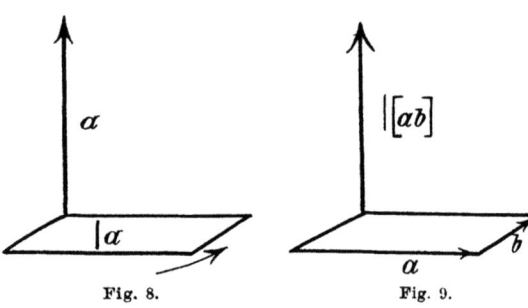

Fig. 8. Fig. 9.

Unter der Ergänzung einer Strecke a, geschrieben $|a$, gelesen „in a", versteht mein Vater das Feld, dessen Ebene auf der Strecke a senkrecht steht, dessen Flächenzahl gleich der Längenzahl von a ist, und dessen Sinn so gewählt ist, daß das äußere Produkt

$$[a \cdot |a]$$

positiv wird (vgl. Fig. 8). Dabei ist vorausgesetzt, daß die Kante des Würfels, dessen Volumen der Zahleinheit gleich ist, als Einheit der Längen und seine Fläche als Einheit der Flächen verwendet wird.

Analog soll die Ergänzung $|[ab]$ eines Feldes $[ab]$ die Strecke sein, die zur Stellung dieses Feldes senkrecht steht, deren Längenzahl der Flächenzahl jenes Feldes gleich ist, und deren Sinn so gewählt ist, daß das äußere Produkt

$$[ab \cdot | ab]$$

positiv wird (vgl. Fig. 9).

Aus dem Begriffe der Ergänzung einer Strecke ergibt sich sogleich, daß das äußere Produkt aus einer Strecke a und der Ergänzung einer zweiten Strecke b, das heißt das Produkt

$$[a \cdot | b],$$

ebenso wie das Produkt dreier Strecken *eine Zahlgröße* ist, und man findet leicht für dasselbe den Wert

(9) $$[a \cdot | b] = \mathfrak{a}\mathfrak{b} \cos(ab),$$

unter $\mathfrak{a}$ und $\mathfrak{b}$ die Längenzahlen der Strecken a und b verstanden, woraus weiter folgt, daß das Produkt $[a \cdot b]$ noch eine andere Auffassung zuläßt. Anstatt nämlich zu sagen, es sei in dem Produkte $[a \cdot | b]$ die Strecke a mit der Ergänzung von b durch äußere Multiplikation verknüpft, können wir mit Rücksicht auf den in der Gleichung (9) für den Ausdruck $[a \cdot | b]$ angegebenen Wert den Ausdruck auch so auffassen, als sei in ihm die Strecke a direkt mit der Strecke b durch eine eigentümliche Art der Multiplikation verbunden. Diese Multiplikation bezeichnet mein Vater als **innere Multiplikation** und bringt die neue Auffassung dadurch zur Geltung, daß er anstatt

$$[a \cdot | b] \quad \text{kurz} \quad [a | b]$$

schreibt, also *dem Ergänzungszeichen zugleich den Charakter eines Verknüpfungszeichens beilegt*. Dadurch nimmt dann die Formel (9) die Gestalt an

(10) $$[a | b] = \mathfrak{a}\mathfrak{b} \cos(ab).$$

Aus der Formel (10) folgt noch, daß

(11) $$[a | b] = [b | a]$$

ist, daß also *die Faktoren des inneren Produktes zweier Strecken ohne Zeichenwechsel vertauschbar sind.*

Ferner findet man für das **innere Quadrat** $[a | a]$ einer Strecke, wir wollen es etwas kürzer mit $a^{\underline{2}}$ bezeichnen, aus (10) den Wert

(12) $$a^{\underline{2}} = \mathfrak{a}^2,$$

das innere Quadrat einer Strecke ist also gleich dem Quadrat ihrer Länge, was man übrigens auch direkt aus dem Begriffe der Ergänzung einer Strecke hätte folgern können.

Ebenso entnimmt man aus dem Begriff der Ergänzung eines Feldes, daß das innere Quadrat eines Feldes gleich dem Quadrat der Flächenzahl des Feldes ist; denn es ist gleich dem Rauminhalt eines Parallelepipeds, von dem sowohl die Grundfläche wie die Höhe der Flächenzahl des Feldes gleich ist.

Aus dem Begriffe der Ergänzung einer Strecke folgt ferner unmittelbar, daß das innere Quadrat der Ergänzung einer Strecke gleich dem inneren Quadrat der Strecke selbst ist, daß also die Formel besteht

(13) $$[|a]^{\underline{2}} = a^{\underline{2}};$$

und ebenso gilt für das innere Quadrat der Ergänzung eines Feldes die Formel

(14) $$[|ab]^{\underline{2}} = [ab]^{\underline{2}}.$$

Endlich sieht man, daß das innere Produkt $[a \mid b]$ zweier Strecken a und b nicht nur verschwindet, wenn ein Faktor null ist, sondern daß die Gleichung

(15) $$[a \mid b] = 0$$

auch befriedigt wird, *sobald die Strecken a und b aufeinander senkrecht stehen.*

Der äußeren und inneren Multiplikation stehen zwei nach diesen Multiplikationsarten benannte *Differentialquotienten einer Zahlfunktion nach einer Strecke* gegenüber. Unter einer Zahlfunktion $\mathfrak{f}(x)$ einer Strecke x soll dabei eine Funktion des Arguments x verstanden werden, die, für jeden Wert dieses Arguments, selbst einen Zahlwert besitzt. Ist dann $\mathfrak{c}$ ein Parameter, der beliebige Zahlwerte annehmen kann, so stellt die Gleichung

(16) $$\mathfrak{f}(x) = \mathfrak{c}$$

eine Flächenschar dar, mit der die sogleich zu definierenden Differentialquotienten in einem engen Zusammenhange stehen.

Wir schicken der Definition dieser beiden Differentialquotienten den Begriff des **Differentials** voraus und definieren das Differential $d_x \mathfrak{f}(x)$ einer Zahlfunktion $\mathfrak{f}(x)$ durch die Formel

(17) $$d_x \mathfrak{f}(x) = \lim_{\mathfrak{q}=0} \frac{\mathfrak{f}(x + \mathfrak{q}\, dx) - \mathfrak{f}(x)}{\mathfrak{q}},$$

in der $\mathfrak{q}$ eine Zahlgröße und dx eine beliebige endliche (nicht unendlich kleine) Strecke bedeutet. Dann ist auch das Differential $d_x \mathfrak{f}(x)$ eine (im allgemeinen) endliche Größe und zwar eine Zahlgröße, die von den beiden Argumenten x und dx abhängt.

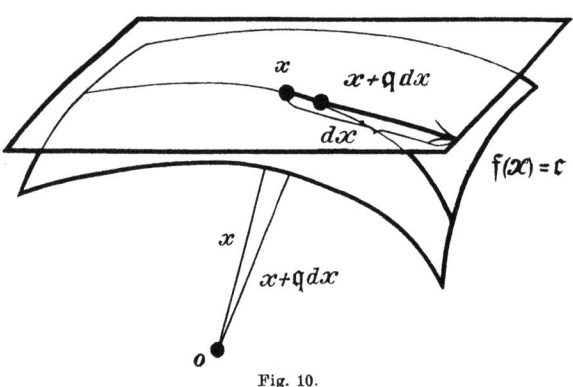

Fig. 10.

Dieses Differential verschwindet, wenn die Strecke dx der Tangentialebene parallel ist, die man im Punkte x an die durch ihn hindurchgehende Fläche der Schar (16) legen kann. Denn dann wird für unendlich kleines $\mathfrak{q}$ das Argument $x + \mathfrak{q}\, dx$ des Minuendus in (17) der Träger eines dem Punkte x unendlich benachbarten Punktes dieser Fläche (vgl. Fig. 10). Der Minuendus und Subtrahendus des Zählers in (17) haben also denselben Wert, das heißt, es ist wirklich

(18) $$d_x \mathfrak{f}(x) = 0,$$

sobald dx der Tangentialebene des Punktes x parallel läuft.

Nun definiert man den **inneren Differentialquotienten** $\dfrac{d\mathfrak{f}}{dx}$ der Zahlfunktion $\mathfrak{f}$ nach einer Strecke x als *diejenige Strecke, die, mit jeder Strecke*

dx innerlich multipliziert, das *Differential* $d_x\mathfrak{f}(x)$ liefert, die also für jedes dx der Gleichung genügt:

(19) $$\left[\frac{d\mathfrak{f}}{dx}\,\Big|\,dx\right] = d_x\mathfrak{f}(x),$$

und ebenso den äußeren Differentialquotienten $\frac{D\mathfrak{f}}{Dx}$ der Zahlfunktion $\mathfrak{f}$ nach der Strecke x als *dasjenige Feld, das mit jeder Strecke dx äußerlich multipliziert das Differential $d_x\mathfrak{f}(x)$ liefert,* der also für jedes dx die Gleichung erfüllt:

(20) $$\left[\frac{D\mathfrak{f}}{Dx}\,dx\right] = d_x\mathfrak{f}(x).$$

Aus diesen Definitionen folgt mit Rücksicht auf die Gleichung (18) sogleich die geometrische Bedeutung der beiden Differentialquotienten. Sind nämlich d_1x und d_2x zwei Strecken von verschiedener Richtung, die der Tangentialebene der Flächenschar (16) im Punkte x parallel laufen, so folgen aus den Gleichungen (19) und (20) mit Rücksicht auf (18) die Gleichungen:

(21) $$\left[\frac{d\mathfrak{f}}{dx}\,\Big|\,d_1x\right] = 0, \qquad \left[\frac{d\mathfrak{f}}{dx}\,\Big|\,d_2x\right] = 0 \quad \text{und}$$

(22) $$\left[\frac{D\mathfrak{f}}{Dx}\,d_1x\right] = 0, \qquad \left[\frac{D\mathfrak{f}}{Dx}\,d_2x\right] = 0,$$

welche zeigen, daß der innere Differentialquotient $\frac{d\mathfrak{f}}{dx}$ die Normalenstrecke der durch den Punkt x gehenden Fläche der Flächenschar (14) in diesem Punkte darstellt, und daß der äußere Differentialquotient $\frac{D\mathfrak{f}}{Dx}$ das Tangentialfeld dieser Fläche im Punkte x ausdrückt.

Auf Grund des Begriffes des inneren Differentialquotienten nach einer Strecke beweist man für eine Zahlfunktion

(23) $$\mathfrak{f} = \mathfrak{f}(x_1(\mathfrak{t}), x_2(\mathfrak{t}), \ldots, x_n(\mathfrak{t})),$$

die vermittelst der n Strecken

$$x_1 = x_1(\mathfrak{t}), \quad x_2 = x_2(\mathfrak{t}), \quad \ldots, \quad x_n = x_n(\mathfrak{t})$$

von der veränderlichen Zahlgröße $\mathfrak{t}$ abhängt, die Formel

(24) $$\frac{d\mathfrak{f}}{d\mathfrak{t}} = \left[\frac{\partial\mathfrak{f}}{\partial x_1}\,\Big|\,\frac{dx_1}{d\mathfrak{t}}\right] + \left[\frac{\partial\mathfrak{f}}{\partial x_2}\,\Big|\,\frac{dx_2}{d\mathfrak{t}}\right] + \cdots + \left[\frac{\partial\mathfrak{f}}{\partial x_n}\,\Big|\,\frac{dx_n}{d\mathfrak{t}}\right],$$

in der die Größen $\frac{\partial\mathfrak{f}}{\partial x_1}, \frac{\partial\mathfrak{f}}{\partial x_2}, \ldots \frac{\partial\mathfrak{f}}{\partial x_n}$ die nach $x_1, x_2, \ldots, x_n$ genommenen partiellen inneren Differentialquotienten der Zahlfunktion $\mathfrak{f}$ bedeuten.[1]

Um andererseits ein Beispiel für den äußeren Differentialquotienten zu geben, das für das Folgende von Nutzen sein wird, setzen wir

$$\mathfrak{f}(x) = [xa]^{\underline{2}} = [xa\,|\,xa];$$

---

[1] Vgl. die Ausdehnungslehre meines Vaters vom Jahre 1862, Nr. 437. (H. Graßmanns gesammelte mathematische und physikalische Werke, Bd. 1, Teil 2 (1896) S. 293 ff.).

dann wird
$$d_x\mathfrak{f}(x) = 2[xa\,|\,dxa] = 2[dxa\,|\,xa] = 2[[a\,|\,xa]dx],$$

so daß man für den äußeren Differentialquotienten der Funktion $\mathfrak{f}(x)$ den Wert erhält:

(25) $$\frac{D[xa]^2}{Dx} = 2[a\,|\,xa].$$

Diese Hülfsmittel der Streckenrechnung werden jetzt ausreichen, um das Problem des kraftfreien Kreisels zu erledigen.

Wir leiten zunächst aus den Lagrangeschen Differentialgleichungen erster Form das Prinzip der lebendigen Kraft ab.

Unterliegen die Punkte $x_1, x_2, \ldots, x_n$ eines Punktsystems den Beschränkungsgleichungen

(26) $$\mathfrak{f}(x_1, x_2, \ldots, x_n) = 0, \quad \mathfrak{g}(x_1, x_2, \ldots, x_n) = 0, \ldots,$$

in denen die Funktionen $\mathfrak{f}, \mathfrak{g}, \ldots$ Zahlfunktionen der Strecken $x_1, x_2, \ldots, x_n$ sind, so lauten die Lagrangeschen Differentialgleichungen erster Form

(27) $$\mathfrak{m}_i x_i'' = k_i + \mathfrak{r}\frac{\partial \mathfrak{f}}{\partial x_i} + \mathfrak{s}\frac{\partial \mathfrak{g}}{\partial x_i} + \cdots, \qquad i = 1, 2, \ldots n.$$

In ihnen sind die k_i die Strecken derjenigen Kräfte, welche neben den Zwangskräften, die den Beschränkungsgleichungen (26) entsprechen, auf die Punkte des Systems einwirken, und die Größen $\mathfrak{r}, \mathfrak{s}, \ldots$ sind unbekannte Zahlgrößen.

Um sodann aus den Lagrangeschen Differentialgleichungen (27) das Prinzip der lebendigen Kraft abzuleiten, muß man noch die Voraussetzung einführen, daß die Beschränkungsgleichungen (26) die Zeit nicht explizite enthalten, daß also in ihnen die Zeit t nur als Argument der Funktionen $x_1, x_2, \ldots x_n$ vorkommt. Unter dieser Voraussetzung lassen sich wegen (24) die aus (26) durch Differentiation nach der Zeit hervorgehenden Gleichungen

$$\frac{d\mathfrak{f}}{dt} = 0, \quad \frac{d\mathfrak{g}}{dt} = 0, \ldots$$

auch in der Form schreiben:

(28) $$\sum_1^n \left[\frac{\partial \mathfrak{f}}{\partial x_i}\,\bigg|\,x_i'\right] = 0, \quad \sum_1^n \left[\frac{\partial \mathfrak{g}}{\partial x_i}\,\bigg|\,x_i'\right] = 0, \ldots$$

Multipliziert man daher die Lagrangeschen Differentialgleichungen (27) innerlich mit x_i' und summiert über i von 1 bis n, so heben sich wegen (28) die Glieder mit den unbekannten Zahlgrößen (Lagrangeschen Faktoren) $\mathfrak{r}, \mathfrak{s}, \ldots$ fort, und es ergibt sich die Gleichung

(29) $$\sum_1^n \mathfrak{m}_i [x_i''\,|\,x_i'] = \sum_1^n [k_i\,|\,x_i'].$$

Nun ist

$$\sum_1^n \mathfrak{m}_i[x_i''|x_i] = \frac{d}{dt}\sum_1^n \mathfrak{m}_i \frac{x_i'^2}{2},$$

und führt man diesen Wert in die Gleichung (29) ein und multipliziert mit dt, so nimmt sie die Gestalt an:

(30) $$d\sum_1^n \frac{\mathfrak{m}_i x_i'^2}{2} = \sum_1^n [k_i|dx_i].$$

Und diese Gleichung (30) enthält das Prinzip der lebendigen Kraft. Dasselbe sagt aus:

Unterliegt die Bewegung eines Punktsystems irgend welchen Beschränkungsgleichungen, die die Zeit nicht explizite enthalten, so ist für jedes Zeitelement der Zuwachs der lebendigen Kraft gleich der von den wirkenden Kräften während dieses Zeitelements geleisteten Arbeit. Dabei kann die Arbeit der Zwangskräfte, die aus jenen Beschränkungsgleichungen resultieren, unberücksichtigt bleiben.

Beim kraftfreien Kreisel reduziert sich die Gleichung (30) der lebendigen Kraft auf die Form

$$d\sum_1^n \frac{\mathfrak{m}_i x_i'^2}{2} = 0$$

und liefert bei der Integration die Gleichung

(31) $$\sum_1^n \mathfrak{m}_i \frac{x_i'^2}{2} = \mathfrak{h},$$

in der $\mathfrak{h}$ eine Zahlgröße bedeutet.

Jetzt sei die Aufgabe gestellt, die Drehung eines kraftfreien Kreisels um einen festen Punkt zu untersuchen.

Nach Euler kann eine jede Drehung eines starren Körpers um einen festen Punkt in jedem Augenblick aufgefaßt werden als eine Drehung um eine gewisse durch den festen Punkt gehende Achse, *die instantane Drehachse* des Körpers.

Zur analytischen Darstellung einer solchen Drehung wählen wir den festen Punkt o zum Anfangspunkt der Träger und bezeichnen eine der instantanen Drehachse angehörende Strecke, über deren Länge und Sinn wir uns noch die Verfügung vorbehalten, mit p. Dann wird die Geschwindigkeit x_i' eines beliebigen Punktes x_i des Körpers, was ihre Richtung anlangt, durch die Strecke

(32) $$|[p\,x_i]$$

ausgedrückt (vgl. Fig. 11). Aber es läßt sich durch passende Wahl der Länge $\mathfrak{p}$ und des Sinnes der „Drehstrecke" p erreichen, daß der Ausdruck (32) die

Geschwindigkeit des Punktes x_i auch nach Größe und Sinn darstellt. Ist $\mathfrak{r}_i$ die Länge des Radius desjenigen Kreises, den der Punkt x_i bei einer Drehung des Körpers um die Drehachse p beschreibt, und ist $d\mathfrak{w}$ der Winkel, den der Radius $\mathfrak{r}_i$ in der unendlich kleinen Zeit dt überstreicht, so wird (die Länge des von dem Punkte x_i in der Zeit dt beschriebenen Linienelements dx_i) $= \mathfrak{r}_i d\mathfrak{w}$, also

(33) \qquad (die Länge von x_i') \qquad $= \mathfrak{r}_i \dfrac{d\mathfrak{w}}{dt}$.

Andererseits ist

\qquad (die Flächenzahl des Feldes $[p\,x_i]$) \qquad $= \mathfrak{r}_i \mathfrak{p}$

und somit auch

(34) \qquad (die Länge seiner Ergänzungsstrecke $|[p\,x_i]$) $= \mathfrak{r}_i \mathfrak{p}$.

Die Vergleichung der beiden Ausdrücke (33) und (34) zeigt nun aber, daß es wirklich möglich ist, die Länge $\mathfrak{p}$ und den Sinn der Drehstrecke p so zu bestimmen, daß für alle Punkte x_i der Ausdruck (32) die Geschwindigkeitsstrecken dieser Punkte ausdrückt. In der Tat, setzt man

(35) \qquad $\mathfrak{p} = \dfrac{d\mathfrak{w}}{dt}$,

macht also die Länge der Drehstrecke gleich der Winkelgeschwindigkeit des Körpers und verfügt über den Sinn von p in der Weise, daß das Produkt $[p\,x_i\,x_i']$ positiv wird, so wird auch der Größe und dem Sinne nach

(36) \qquad $x_i' = [p\,x_i]$.

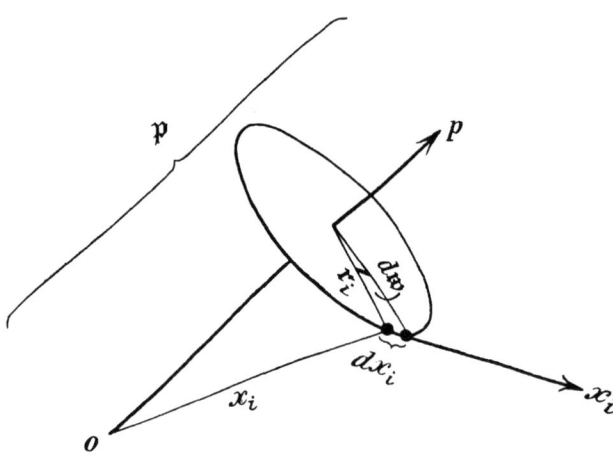

Fig. 11.

Diesen Wert der Geschwindigkeitsstrecke führe man in die Gleichungen (8) und (31) des Prinzips der Flächen und der lebendigen Kraft ein. Dabei ersetze man in der Gleichung (8) des Prinzips der Flächen das konstante Feld C durch die Ergänzung $|c$ einer Strecke c und benutze auf der linken Seite der Gleichung (31) des Prinzips der lebendigen Kraft die Formel (14). So erhält man die Gleichungen:

(37) \qquad $\sum_{1}^{n} \mathfrak{m}_i [x_i | p\,x_i] = |c$

und

(38) \qquad $\sum_{1}^{n} \dfrac{\mathfrak{m}_i}{2} [p\,x_i]^2 = \mathfrak{h}$.

Von diesen ist die zweite Gleichung dadurch ausgezeichnet, daß in ihr *keine Beziehung auf ein im Raume festliegendes Achsenkreuz vorkommt.* Denn der Wert des inneren Quadrates $[p\,x_i]^2$ hängt allein von der Länge der Strecken p und x_i und dem Winkel ab, den beide miteinander einschließen, ist jedoch unabhängig von der Neigung dieser Strecken gegen ein festes Achsenkreuz. *Man kann sich daher die Gleichung* (38) *auch bezogen denken auf ein in Bewegung begriffenes Achsenkreuz, das mit dem Kreisel fest verbunden ist.* Für ein solches aber sind die Strecken x_i als konstant anzusehen. Es bleibt also in der Gleichung (38) nur noch p veränderlich, und die Gleichung stellt somit, da sie in p vom zweiten Grade ist, und alle Koeffizienten $\frac{m_i}{2}$ positiv sind, ein mit dem Kreisel fest verbundenes Ellipsoid dar, das offenbar den Drehpunkt o des Körpers zum Mittelpunkt hat, und welches wir als das **Ellipsoid der lebendigen Kraft** bezeichnen wollen. Die Gleichung (38) sagt demnach aus, daß der Endpunkt der Drehstrecke p — er möge der **Drehpol** des Kreisels genannt werden — dauernd auf dem Ellipsoid der lebendigen Kraft bleibt.

Nun bezeichnet man den Weg, den der Drehpol des Kreisels in dem in Bewegung begriffenen Körper beschreibt, als die **Polhodiekurve**, und es käme somit darauf an, noch einen zweiten geometrischen Ort für die Polhodiekurve zu ermitteln. Dazu aber läßt sich die Gleichung (37) des Prinzips der Flächen nicht unmittelbar verwerten; denn sie enthält, wie besonders deutlich ihre ursprüngliche Form (8) zeigt, auf der linken Seite das Impulsmoment des Kreisels in bezug auf den Drehpunkt, und dieses hat als eine im Raum orientierte Größe eine Beziehung auf ein festes Achsenkreuz und gestattet nicht so ohne weiteres Folgerungen in bezug auf das in Bewegung begriffene, mit dem Kreisel fest verbundene Achsenkreuz. Man hat daher zunächst die Gleichung (37) so umzuformen, daß in ihr nur noch die *Größe* des Impulsmomentes auftritt. Das geschieht am einfachsten durch inneres Quadrieren; dadurch erhält man die Gleichung

$$(39) \qquad \left(\sum_{1}^{n} \mathfrak{m}_i\,[x_i\,|\,p\,x_i]\right)^{\!2} = c^2,$$

die wieder auf das in Bewegung begriffene System bezogen werden kann und ein zweites Ellipsoid darstellt, das, wie man sich leicht überzeugt, mit dem ersten koachsial ist. Es möge als das **Ellipsoid der Flächen** bezeichnet werden. Die Polhodiekurve ist dann diejenige *Raumkurve vierter Ordnung und erster Art,* in der sich die beiden Ellipsoide (38) und (39) der lebendigen Kraft und der Flächen durchdringen, oder genauer nur ein Zweig dieser Kurve, da wir ja vorhin für die Drehstrecke p auch einen bestimmten Sinn vorgeschrieben haben (vgl. Fig. 12).

Um weiter den Weg des Drehpols im festen Raum, die sogenannte **Herpolhodiekurve**, zu bestimmen, beachte man, daß die linke Seite der Gleichung (37) durch äußere Multiplikation mit $\frac{p}{2}$ in die linke Seite von (38) übergeht. Zwischen den rechten Seiten der beiden Gleichungen besteht daher die entsprechende Beziehung, das heißt, es ist

$$\left[\frac{p}{2}\,\Big|\,c\right] = \mathfrak{h}$$

oder
(40) $$[p\,|\,c] = 2\mathfrak{h}.$$

Diese lineare Gleichung in p sagt aus, daß die Herpolhodiekurve eine *ebene Kurve* ist, deren Ebene dem Felde $C = |\,c$ des konstanten Impulsmomentes parallel ist. Wir nennen die Ebene dieser Kurve „die invariable Ebene" und führen für sie das Zeichen ε ein.

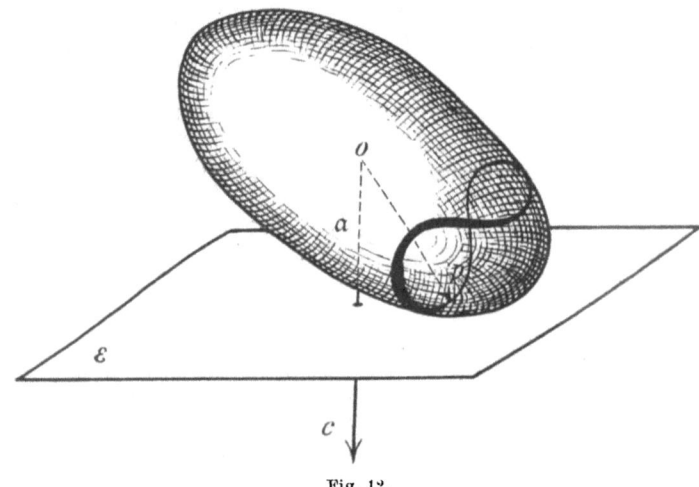

Fig. 12.

Um auch den Abstand $\mathfrak{a}$ dieser Ebene ε vom Drehpunkt o des Kreisels zu finden, bezeichne man noch die Länge der Strecke c, das heißt die Größe des Impulsmomentes, mit $\mathfrak{c}$; dann läßt sich die Gleichung (40) auch in der Form schreiben:
$$\mathfrak{p}\,\mathfrak{c}\cos(pc) = 2\mathfrak{h}.$$

Es wird also der gesuchte Abstand $\mathfrak{a}$ der invariablen Ebene ε vom Drehpunkte o, das heißt die Länge der Projektion der Strecke p auf die Strecke c,

(41) $$\mathfrak{a} = \mathfrak{p}\cos(pc) = \frac{2\mathfrak{h}}{\mathfrak{c}}.$$

Über den Verlauf der Herpolhodiekurve in der invariablen Ebene gibt uns eine zweite Beziehung Aufschluß, die zwischen dem Impulse und der lebendigen Kraft des Kreisels herrscht. Nach der Formel (25) ist nämlich die linke Seite der Gleichung (37) genau der äußere Differentialquotient der linken Seite von (38) genommen nach der Strecke p, so daß man die Gleichung (37) auch in der Form schreiben kann:

(42) $$\frac{D\sum_{1}^{n}\frac{\mathfrak{m}_i}{2}[px_i]^2}{Dp} = |\,c,$$

in der sie zeigt, daß die Stellung des Tangentialfeldes des Ellipsoids der lebendigen Kraft im Drehpunkte konstruiert während der ganzen Bewegung des

Körpers konstant bleibt, und zwar mit der Stellung der invariablen Ebene ε übereinstimmt.

Nun bildete aber die invariable Ebene ε einen geometrischen Ort für die Kurve der Berührungspunkte der betrachteten Tangentialebenen mit dem Ellipsoid der lebendigen Kraft; und daraus folgt ohne weiteres, daß alle diese Tangentialebenen mit der invariablen Ebene ε geradezu zusammenfallen.

Das mit dem Kreisel fest verbundene Ellipsoid der lebendigen Kraft bewegt sich also in der Weise, daß es beständig mit der invariablen Ebene in Berührung bleibt, und man hat den Satz:

Bei der Drehung eines kraftfreien Kreisels um einen festen Punkt wälzt sich das Ellipsoid der lebendigen Kraft, während es seinen Mittelpunkt dauernd in dem festen Drehpunkt des Kreisels hat, ohne zu gleiten auf der invariablen Ebene fort.

Zugleich sieht man, daß die Herpolhodiekurve der geometrische Ort derjenigen Punkte der invariablen Ebene ist, in denen diese Ebene bei dem Abrollen des Ellipsoids der lebendigen Kraft auf ihr von dem Ellipsoide berührt wird.

Damit ist die Bewegung des kraftfreien Kreisels um einen festen Punkt ihrem *räumlichen Gange* nach vollständig charakterisiert. Für die Beurteilung ihres *zeitlichen Verlaufs* ist dann noch die Kenntnis der Winkelgeschwindigkeit von Interesse, mit der die Drehung um die instantane Achse in jedem Augenblick erfolgt.

Zunächst kann man sagen: Dieselbe wird nach der Gleichung (35) durch die Länge $\mathfrak{p}$ der Drehstrecke dargestellt oder, was auf dasselbe hinauskommt, durch die Länge des Leitstrahls der Polhodiekurve.

Es ist aber von Nutzen, *die Winkelgeschwindigkeit auch mit dem Trägheitsmoment in Beziehung zu bringen*, das der Kreisel bei der Drehung um die instantane Achse besitzt. Dazu verwende man wieder die Gleichung des Prinzips der lebendigen Kraft:

(38)
$$\sum_{1}^{n}{}_i \frac{\mathfrak{m}_i}{2}[p x_i]^2 = \mathfrak{h}$$

und setze in ihr

(43)
$$p = \mathfrak{p} e_p,$$

wo wie bisher $\mathfrak{p}$ die Länge der Drehstrecke p ist, während e_p die Neigung der Strecke p bezeichnet, das soll heißen, eine Strecke bedeutet, *die mit der Strecke p gleiche Richtung und gleichen Sinn hat, aber die Länge* 1 *besitzt*. Alsdann nimmt die Gleichung (38) die Form an:

(44)
$$\frac{\mathfrak{p}^2}{2} \sum_{1}^{n}{}_i \mathfrak{m}_i [e_p x_i]^2 = \mathfrak{h}.$$

Hier wird das Feld $[e_p x_i]$ durch ein Parallelogramm dargestellt, das ein Stück der instantanen Achse von der Länge 1 zur Grundseite und den Abstand r_i des Punktes x_i von der instantanen Achse zur Höhe hat, dessen Größe also

= $\mathfrak{r}_i$ ist (vgl. die obige Fig. 11). Es wird somit die in der Gleichung (44) auftretende Summe

$$(45) \qquad \sum_{1}^{n}{}_i \mathfrak{m}_i[c_p x_i]^2 = \sum_{1}^{n}{}_i \mathfrak{m}_i \mathfrak{r}_i^2,$$

das heißt gleich dem Trägheitsmomente des Kreisels in bezug auf die instantane Achse. Man kann daher die Gleichung (44) auch in der Form schreiben:

$$(46) \qquad \mathfrak{p}^2 = \frac{2\mathfrak{h}}{\sum_{1}^{n}{}_i \mathfrak{m}_i \mathfrak{r}_i^2}$$

und hat also den Satz bewiesen:

Bei der Bewegung eines kraftfreien Kreisels um einen festen Punkt ist für jeden Augenblick das Quadrat der Winkelgeschwindigkeit, die der Kreisel bei der Drehung um die instantane Achse besitzt, umgekehrt proportional dem Trägheitsmoment um diese Achse, nämlich gleich der doppelten lebendigen Kraft des Kreisels dividiert durch jenes Trägheitsmoment.

Verlag von B. G. Teubner in Leipzig und Berlin.

Lehrbuch der Physik

Zum Gebrauch
beim Unterricht, bei akademischen Vorlesungen und zum Selbststudium

Von **E. Grimsehl**

Direktor der Oberrealschule auf der Uhlenhorst in Hamburg

Mit 1091 Textfiguren, 2 farbigen Tafeln und einem Anhange, enthaltend Tabellen physikalischer Konstanten und Zahlentabellen. [XII u. 1052 S.] gr. 8. 1909. Geh. ℳ 15.—, geb. ℳ 16.—

Der moderne physikalische Schulunterricht soll eine Übersicht über das ganze Gebiet der Physik geben. Er soll aber außerdem, besonders in den Oberklassen, einige begrenzte Gebiete ausführlich und wissenschaftlich streng behandeln, damit die Schüler schon auf der Schule in die Methoden wissenschaftlicher Forschung eingeführt werden. Das vorliegende Lehrbuch enthält den physikalischen Lehrstoff der meisten Gebiete in der Ausführlichkeit, wie sie der letzten Forderung entspricht. Das Buch ist in erster Linie für die Hand des Lehrers bestimmt, der nach freiem Ermessen auswählen kann, welche Teilgebiete ihm zur wissenschaftlichen Behandlung im Unterricht bei einer bestimmten Schülergeneration am geeignetsten erscheinen. Dem Schüler soll das Buch auch dann noch ein Führer sein, wenn er die Schule verlassen hat; es soll ihn befähigen, seine Kenntnisse auch auf denjenigen Gebieten zu vervollständigen, in denen der Schulunterricht nur die Grundlagen hat geben können. Ferner soll es dem jungen Studenten ein Begleiter in die akademischen allgemeinen Vorlesungen über die Experimentalphysik sein.

Didaktik des mathematischen Unterrichts

Von **A. Höfler**

Professor an der Universität Wien

A. u. d. T.: Didaktische Handbücher f. d. realistischen Unterricht an höh. Schulen

Herausgegeben von **A. Höfler** und **F. Poske**

Band I. [ca. 500 S.] gr. 8. In Leinwand geb. [Erscheint August 1909.]

Dieser erste Band der Sammlung didaktischer Handbücher für den realistischen Unterricht will Impulse geben, die von Klein verlangte „zeitgemäße Umgestaltung des mathematischen Unterrichtes" in die Wirklichkeit umzusetzen. Vorbildlich sind die von Gutzmer auf der Meraner Naturforscherversammlung 1905 erstatteten Vorschläge. Im zweiten, ausführlichsten Teile werden Lehrproben, Lehrgänge, Lehrpläne als konkrete Beispiele seiner neuen Unterrichtspraxis vorgeführt. Im ersten Teile werden die Wege und Ziele eines solchen mathematischen Unterrichtes skizziert; im dritten folgen Blicke in die Grenzgebiete der didaktischen Psychologie, Erkenntnis- und Bildungslehre.

Die Mechanik

Eine Einführung mit einem metaphysischen Nachwort

Von **L. Tesar**

Professor an der k. k. Staatsrealschule im XIII. Bezirke von Wien

Mit 111 Fig. [XIV u. 220 S.] gr. 8. 1909. Geh. ℳ 3.20, in Leinw. geb. ℳ 4.—

Die Einführung will die Dunkelheiten mechanischer Einleitungen dadurch vermeiden, daß sie erklärt und nicht beschreibt, daß sie die Annahme des mechanischen Weltbildes allmählich herausarbeitet, daß sie also bewußt dem Wahnbilde einer „Hypothesenfreien Wissenschaft" entgegentritt. — Die Kraft ist von ihrer Äußerung geschieden; die Bewegungslehre ist der eigentlichen Mechanik gegenübergestellt; der Begriff des materiell

Die mechanischen Sätze werden an wi
Formeln sind vermieden, rechnerische Herlei
weitergehenden Ansprüchen zu genügen, wird
in das Unendlichkeitskalkul vom mechanischen
einen Teil der Ideen Hartmanns, des Monist

If you have any concerns about our products,
you can contact us on
ProductSafety@springernature.com

In case Publisher is established outside the EU,
the EU authorized representative is:
**Springer Nature Customer Service Center GmbH
Europaplatz 3, 69115 Heidelberg, Germany**

Printed by Libri Plureos GmbH
in Hamburg, Germany